春を待つ海

―福島の震災前後の漁業民俗

川島秀一

はじめに──にわか漁師の奮闘記

調査地に住むということ

およそ「民俗学」を志した者なら、「調査地に住む」という憧れをもたない者はいないだろう。若い頃によく通っていた宮城県の気仙沼市の小々汐《こごしお》でさえ、自宅から車で一五分の距離ではあったが、実際にそこに住んでみなければわからないこともあるだろうと信じていた。

文化人類学のフィールドでは、よく海外での長期滞在調査が行なわれるが、一種の「旅の学問」でもあった民俗学の分野では、はなはだ少ない。昭和三六（一九六一）年に半年間、沖縄県の池間島《いけまじま》に暮らした野口武徳の『沖縄池間島民俗誌』（一九七二）などが、その希少例であろうか。しかし、「調査地で生活したならば、逆に研究対象との距離感がとりにくくなり、うまく成果が上げられなくなる」という意見も耳にする。調査がうまくいこうが失敗に終わろうが、ともかく以前から心に引っかかっていた民俗調査における方法上の問題に対して、東北大学を定年退職後に時間をかけて向き合ってもよいのではないかと思っていた。

発端は、福島県新地町《しんちまち》の漁師、小野春雄さん（昭和二七年生まれ）に出会い、「ここに住んでみないか」というお誘いを受けたことである。もちろん、その誘いのなかには、後でわかってきたことだが、東日本大震災の津波で流され、跡形もなくなった、春雄さんが暮らしていた場所、釣《つる》師浜《しはま》の以前の漁業の生活や、震災後の動向を書き残してほしいという、願いもあった。

大学でもなく、研究所でもなく、一人の漁師さんに誘われたことに、迷うこともなく、私が被災後にもっていた「り災証明書」を用いて、春雄さんが震災後に建てた自宅と同じ町営移転集落の災害公営住宅に退職後に移り住むことになった。春雄さんの自宅からは、一分もかからない、いわばスープのさめない距離感のまま、その名も「新地」という私にとっては新しい土地で生活することになったのである。

試験操業の「乗子」になる

私はこれまで、主にカツオ一本釣り漁や追込み漁の漁師さんに出会い、海から海へと渡りあるく集団漁の漁業に関心を寄せてきた。私自身が「旅の学問」を実践してきた者だったので、その対象である、旅する漁師の思いと重ね合わせてきた嫌いがある。さらに、カツオ一本釣り漁や、人間が潜って魚を追い込む漁は、見た目にも華やかさがあって、それに惹かれていたことも否定できない。

しかし、日本全国の浜々を見渡すかぎり、目の前の海で一年間、捕獲対象の魚種と漁法を変えながら、その地で生活してきた漁師のほうが、一般的であるはずである。そのような、これまでの研究対象の反省から、対象を少しずらしていきたいという思いもあった。

また、私は宮城県の気仙沼市に生まれ、民俗調査の基本となった土地は、三陸沿岸を中心としていた。全国的な調査地においても、カツオ漁はリアス式海岸であったたし、追い込み漁も離島などの山が接近する箇所が多かった。海浜集落の調査は少なく、新地に住んでからは、空が広いと感じているのは、あながち漁船に乗っているだけではないだろう。

調査の反省点は研究対象だけに留まらず、方法へも至った。新地に移り住む前から、春雄さんから、自分の船である観音丸の「乗子《のりこ》」（乗組員）になってみないかと誘われた。カメラを持って乗船しても構わないとも言う。私のできる範囲でお手伝いしてもらえればよいとのことで、これも二つ返事で承諾した。

気仙沼の小々汐の調査時代からイカ釣り船やシラス網船に乗せられ、その後もカツオ一本釣りや追込み漁にも乗船した経験もある。しかし、恒常的に漁船に乗ることは初めてであり、新たな調査方法もそこから生み出されると思った。それは、週に二〜三回の操業という、現在の福島県の漁業が置かれている「試験操業」であったからこそ可能であり、またその不自然な管理漁業についても知ることにもなった。

現在、東京電力では、震災時の原発事故後、福島県の漁業者全員に対して、震災前の五年間の水揚げ記録から最高の年と最低の年を取り除いた三カ年の平均の八三％を賠償する「休業賠償」を支払っている。しかし、試験操業に関わる漁業者に対しては、それが「営業賠償」に切り替わるが、漁船や漁具を調達して燃料を使う操業はコストを生じ、漁に出ない休業賠償のほうが営業賠償よりも手元に残る金額は大きいこともある。

それでも、損得抜きで海に向かう漁師さんは、どのような思いを宿しているのか。このことが、私が新地に移り住んで、漁師と共に生活することを決めた第一の理由でもあった。

漁師の「朝」は暗い

四月に新地に暮らし始めて数日後、春雄さんから携帯電話に「コーヒーを飲みに来ないか」と誘われた。午前五時、外はまだ薄暗かった。春雄さんに刺し網の開始時刻のことを尋ねると、「朝のうちに船を出して、明るくなってから打ち始める」と応えられた。漁師にとって「朝」とは闇の時間であることを知った。

春雄さんは、操業日には未明に軽トラックで私を迎えにきて助手席に乗せると、日課のように、私の手の平に冷えたトマトジュースの缶（冬は熱いコーヒー缶）と固形のチューインガムを三個のせる。これがまた目を開くには、効果があった。

「最初は見ているだけでいいから」と言われたが、見ているだけだと、睡魔との闘いに苦労する。船酔いはしないが、操業当日の時差ぼけのような一日は、これはもう慣れるしかなかった。ただ、漁からそのまま戻ってきて、日中にあれこれ仕事ができれば、「早起きは三文の得《とく》」どころか、十文も得した気がする。

私が漁のある日に着ていくカッパは、新地に移り住む前に春雄さんに相馬双葉漁協で買ってもらったものである。取り違わないように、カッパの裏に春雄さんの手で、黒いマジックペンを用いて私の名前と「平成30年4月5日」という最初の乗船日が書かれていたものを渡された。このカッパに書かれた文字を目にするたびに、どんなに眠くても、どんなに寒くても、暗いうちから起きなければならないと思ってしまうので、名前などは自分でカッパに書くべきであったと、少し悔やまれたこともある。そのカッパを着た下には、水に濡れてもインクが消えないメモ用紙を胸ポケットに入れておき、記録をしたいときに取り出してメモをとる。

海上での夜明けは早い。水平線に沿って燎原の火のように紅い帯にとり囲まれると、もう夜明けだ。雲の多い日の夜明けは、船の周囲が少しずつセピア色に変わり、天空に浮かぶ雲がすみれ色になって朝を知らせた。なぜ魚は明け方と夕方にしか動かないのだろう。そうでなければ、暗いうちから船に乗って魚を待っていることなどないのに。観音丸の片隅で、寝不足のあくびをかみころしながら、いつも心のなかでぼやいている。

手ざわりの民俗学

これまでの民俗学の主なる方法である、聞き書き調査からだけは得られない、船上の生活はさまざまである。第一は漁師の「体感」のようなもの、そして次には手ざわりである。

そのことを感じたのは、彼らが刺し網に引っかかってくる無用な物で、パンと呼ばれているものである。カメラで写しておき、後で原釜《はらがま》（相馬市）の水産試験所にプリント写真を持っていって尋ねてみたら、何のことはない「海綿」のことであった。
この海綿は網から外しにくいので、カレイなどをはずした後に、網を一反ずつ丸めて湯の中に浸しておく。私はてっきり網を洗っているのかと思っていたら、その熱で海綿が死に、網からはずしやすくするためである。軍手をはめ、その海綿を網からはずす手伝いをしているうち、なるほど、この温かい感触と色や形は「パン」だなと思った。

漁業の研究者も報道者も、これまでは、ただ一つの魚と、それを捕るときだけを重んじてきた。しかし、シタモノと呼ばれる市場価値のない生物のこと、それを網からはずすことにかける人手の多さと時間の長さ、売りに出すために見栄えのよい魚を保ち続けるための工夫、それらの全体を捉えてこそ「漁業」であると思えてきた。つまり、魚を「捕る」ということだけでなく、その魚などの海洋生物が船に揚がった時点から、すぐに「売りもの」とシタモノ、そして自分たちが食べる「食い魚」に仕分けがされる。

本書では、これまで見過ごされがちだった、以上のような海に戻される「シタモノ」をめぐる慣行と、漁師が魚を「売る」ということを中心に、私の体験を交えながら、とくに先に述べておきたいと思う（第一章～第二章）。次に、私のオヤカタである小野春雄さんの半生記（第三章）と、新地の沿岸漁業の歴史と現在の操業の様子（第四章）、漁業民俗（第五章）、沿岸の漁師社会（第六章）とその精神世界（第七章）、震災後の漁業の課題（第八章）へと展開していきたいと思っている。

この世に心地よい船酔いなどありはしないが、本書を紐解かれた方々に、心を波立たせることができたとしたならば、筆者として幸いである。さあ、艫綱《ともづな》はほどかれた。一緒に乗船して、知らなかった海上の生活を見渡してみよう。

目次

とくに氏名を記載したもの以外の写真は著者撮影

装幀　滝口裕子

第一章　シタモノと食い魚

船上の選別

新地に来て当初の頃、船上でイキモノとかシニモノとかと言う、いささか、おだやかでない言葉を耳にした。イキモノは、市場では「活魚《かつぎょ》」、シニモノは「鮮魚」と呼ばれる。船上で捕ったばかりの魚を判断して、活きの良い魚はエアーポンプで酸素を入れ続けているカメ（魚艙《ぎょそう》）やタンクに入れてそのまま活かしておき、そうでない魚は氷を入れたタンクに入れて水揚げする。もちろん活魚のほうが高く売れる。

また、船上では市場に上げる魚（「売り魚」）と、それ以外の、自分の家で食べたり、周りに渡す「食い魚」（分け魚）、それから海に「戻してしまう」不用なもの、市場価値のない、主に海底で網にかかるシタモノの生物とを選別する。たとえば、同じカレイやヒラメでも、「売り魚」となる場合だけでなく、エンガワを海中のムシに食われても食べられるものは「食い魚」に、死んで目も当てられないくらい白骨化したものは「シタモノ」の類として、海に戻される。

さらに、市場に出す魚も、網からはずすときに種類ごとに選別して、オケや魚カゴに分けてしまう。春雄さんからは、見た目からはわかりにくいアカジガレイ（マガレイ）とマコガレイとの区別の仕方を教えられた。手でさわるとマコガレイのほうがザラザラしているという、手ざわりによる分け方である。一生懸命に試みたが、それでもさっぱりわからない。

情けない気持ちで、もう一度くわしく尋ねてみると、カレイの白い腹のほうをさわるのだという。私はずっと、カレイの背中だけをなでていたのである。

シタモノとマワリモノ

冬場の刺し網は、夜明けが遅いのと寒さだけを考えても辛いものがある。どんな工夫をしても指先と足先から、じわじわと、かじかんでくる。

とくに、刺し網にかかるシタモノをはずす時間のほうが、必要な魚をはずすより時間がかかる場合が多い。平成三〇（二〇一八）年の夏にはパンと呼ばれる海綿がシタモノであったが、冬期はケンコ（貝コ）と呼ばれる、ヒラメなどによって身が食べられた貝殻がとめどなく揚がった。水揚げが終わっても、おびただしいケンコをはずすのに、多くのユイコ仲間が見かねて手伝いに来たこともある。

不要なものが網にかかり、それをはずさなければならない作業があるかないかが、網漁と釣漁との決定的な違いである。農作業の田の草取りにも相当するものであろう。

シタモノは、とくに波が荒れているときにかかるという。新地では「イデグシタは魚がかかるが、クルシタはシタモノがかかる」という言い伝えがある。イデグシタは、低気圧が通過していったときの刺し網で、クルシタはこれから低気圧がやって来るときの刺し網のことを指す。シタモノは西風や南風のときにはかからない。西風であると、オカに向かう波がなくなって、うねりがなくなるためである。イナサ（南東風）の波の荒いときに多くかかる。とくに波が荒れているときは、ガゼ（ウニ）・ケンコ（貝コ）・ヒトデなどが多くかかるという。

刺し網のシタモノ（貝コ）はずしを
仲間たちが手伝った（2019.1.30）

また、入用な魚にも、ソコモノ、ウキモノ、ナガレモノなどの呼称で区別をしている。ソコモノとはカレイやヒラメなどを指し、ウキモノはコウナゴやシラスなどの、海底から浮いてくる魚のこと、ナガレモノとはサワラなどの回遊魚のことである。

そのほかに、予定外にかかった、市場価値の高い魚のことをマワリモノと呼ぶ。これは刺し網にかぎらず、そう呼ばれるが、マワリモノのマワリとは、「マワリが良い」とか「マワリが悪い」とも用いられるように「漁運」のことを指す。不漁が続いたときに飲食会などを開いて切り替えを図ることを「マワリ直し」、あるいは「マン直し」と語ることと同根である。

網にかかると「強肉弱食」の世界

靴ひもも満足に結べない手先の不器用な私にとって、刺し網から魚やシタモノをはずす作業は至難の業であった。釣師浜に隣接する大戸浜の漁師であった寺島正志さん（昭和七年生まれ）は「魚をはずす」とは言わずに、「はがす」と言っていたが、まさしく「はがす」感覚である。

シタモノとは網にかかった商品価値のない生物で、私はもっぱらその「シタモノハガシ」に回った。シタモノと友だちになったようなものだが、そのなかで一番苦手なのは、生きているカニであり、指をハサミで挟まれるだけでなく、二つのハサミと八つの脚があるとはずしにくい。ガニは主にエッチガニ（ヒラツメガニ）とツノガニ（ワタリガニ）である。

春雄さんからは、「売り物にならない小さなガニはツメ（ハサミ）をもいでからはずせ」と言われたが、その大小の判断がつかないときは、すべて「小さいガニ」と独断して、思い切りハサミを「もいだ」。カニを刺し網からはずすときは、ツメで挟まれないように、甲羅の尻を上にして逆さに持ち、片側ずつ脚やツメを少しずつはずしていく。片側でもツメを手で握って押さえこんでしまえば、カニはおとなしくなるものである。

スズキやコチなど、刃物のような顎骨を持つ魚は、歯のない口に手に入れ、顎を内側から持つようにして、下へ網をずらしていく。スズキはとくに顎骨が多いので、はずしにくい。スズキは扱うことが肝要である。

網を見つけるとそのままバックすることもあり、網にかかっても、この顎骨で網を切って逃げる場合もあるという。小さなサメも歯がないので、口に手を突っ込んで持つ。逆に刺し網にはあまりかかることがないが、流し網にサワラやタチウオなどがかかった場合は、口のほうを持つと歯で手が切れるので、エラのところを胴体ごと持ってはずす。総じて、魚は泳いでいる刃物として扱うことが肝要である。

ヒラメも獰猛《どうもう》で、小指がちぎれてもおかしくないような歯を持っているので、エラを指で押し付けながら持つと、暴れられずに網からはずすことができる。カレイやカナガシラ、ホウボウも同様の取り扱いかたではずれる。ただし、ヒラメのように、刺身などに使うイキモノとして売る場合は、網から無理にこいではずすと身が崩れるので、尾のほうの網を両手で切って、はずすことがある。魚の形態や活きの良さ、魚をどのような状態で売るかによって、自然と網のはずしかたが決まってくるようである。

網にかかったカレイは、一晩で骨になると言われるのは、ムシがカレイに付くからである。その半分骨になったカレイなどもシタモノとしてはずす。今でも驚きなのは、マッブ（ヌタッブ）と言われる巻貝（モスソガイ）である。

当初は刺し網にビニールでも引っかかっているのかなと思っていたら、魚の中身がなくて骨と皮だけになっている姿だった。その近辺にはベタベタとした液体が付いていて、必ずマッブが何枚か貼り付いていた。おそらく、網にかかった魚に対して、すぐにもこのマッブが捕り巻き、足から液体を出して魚の中身を吸収しているに違いなかった。漁師さんたちは、この状態を「魚さツブが抱いている」と語っている。

このマツブを市場に出したり、家に持ち帰ることもあり、軍手やカメラがベタベタになっても、網からきれいに、はずさなくてはならなかった。私はマツブのきわめて生活態度の悪い、この生態を見てからは、一生ツブを食べなくても構わないとさえ思った。

網に魚がかかってからの、ムシやツブなどの「強肉弱食」の世界を垣間見た気がしたが、海底の清掃活動をしているのも、これらの生物であると思われる。

シタモノと資源保護

レイチェル・カーソンは『潮風の下で』(一九四一)のなかで、次のように述べている。「海が失うものはなにもない。あるものは死に、あるものは生き、生命の貴重な構成要素を無限の鎖のように次から次へとゆだねていくのである」(上遠恵子訳・注1)。起こした刺し網から見通せた、ムシやツブの生態がわかると、このような文章も納得してくる。

必要な魚以外のシタモノをはずすことは、ある種の闘いでもあった。春雄さんが一五歳のときに初めて漁に出たシャコエビ漁からすでに、カッコ(ヘイケガニ)と呼ばれるシタモノをはずさなければならなかった(五三頁参照)。

以前、釣師浜の一月はアカジガレイ(マガレイ)の漁期であったというが、それは「ヤドカリとケンカしながらやった」という。ヤドカリに指を挟まれると、カニより痛い。ヤドカリが海底を移動する道もあり、それに追われたときはアカジガレイも大漁したが、ヤドカリが網にいっぱいかかると一人で網を持ち上げられず、そのまま網を海に捨ててきたこともあったという。

しかし今、その主なるシタモノであったヤドカリもヒトデもパン（海綿）もいなくなった。「シタモノがかかるときは魚もかかる」と、春雄さんは語った。また、「シタモノをはずすのが嫌で網を入れないこともある。結局は資源の保護に役立っているのだ」とも付け加えた。このような漁師さんの言葉を得るために、私は共に生活している。

たとえば、震災後は全般的に主なるシタモノが減った。新地と接する宮城県の磯（山元町《やまもとちょう》）では、そのために多い漁師で六〇～七〇反（一反の長さは一〇〇間、一間は約一・八メートル）もの網を入れることができた。さらに震災前にはなかった動きだが、「試験操業」のために時間の余裕のある新地の漁師たちが磯の親戚や友人からシタモノはずしの加勢を頼まれて通っている。刺し網のプロフェショナルが加わるわけだから、いきおい仕事も早く終わるが、それが長く繰り返したためか、宮城県の刺し網にかかる魚類は震災当初より少なくなったといわれている。

シタモノの生物たち

●エイ

釣師浜では、ウスコあるいはベコ（牛）と呼ばれる。多いときは、刺し網に三〇～五〇頭（エ

ウスコ（エイ）を海に戻す（2020.6.8）

イの単位）くらいかかることがある。エイがウスコとかベゴと呼ばれる理由は、その鼻のあたりが牛のそれに似ていることから付けられたものらしい。原《はら》釜《がま》の底曳き船では、以前、食堂の爺さんが脂を捕るために買うので、船のオモテのカメに入れてきたという。そのときは、エイの鼻に縄を通してつないできたというから、まさしくベコ扱いであった（小野重美さん〔昭和二二年生まれ〕談）。

水揚げすることはあまりないので、海に戻さなければならない。座布団くらいの大きさのウスコを両手で抱えてもヌルヌルして、うまくいかない。海に戻すには、その二つの鼻穴に人指し指と中指を差し込んで投げるものだと教えられて従ってみると、なるほど小気味よいほど海へ投じることが積極的になっていく。

しかし、このウスコには危険な箇所がある。「ウスコの針」と呼ばれる尾の部分である。「逆針」なので、刺さったら戻せない。漁師さんたちは、刺し網にウスコがかかった場合、生きていると尾を振るので、先にこの針を折って抜いてしまう。平成三〇（二〇一八）年の夏も近辺の浜で二名ほどが刺され、一人は救急車で運ばれたという。

●ガゼ

新地では、ガゼは身のないウニのことを言い、身のあるのは「クリ」あるいは「ウニ」と言う。ガゼは、網のままコベリに置いてハンマーで叩いて壊すが、以前はオカに上げて車で轢いたこともあったという。

●ケンコ（貝コ）

カレイは「二枚貝類を掘り出して食べる」（注2）というから、ほとんどは、カレイやヒトデなどの仕業であろう。身のない貝殻が大量にかかってくることもある。ときには、貝を開くと、生きた小さなタコやヒトデが入っていることがあるが、漁師さんは、貝の中で仔を保護しているのではないかと語っている。

●サメ

小さなホシザメや形が似ているのでバイオリン（カスザメ）と呼ばれるものがかかってくることがある。市場に出したり、今は食べることが少ないので、海に戻す。かつては背に星型の模様のあるホシザメは、味噌漬けにして食べる場合があった。サメの卵も以前は、鶏の卵の代わりに卵焼きなど食用にしたことがあったが、あまり旨いものではなかったという。また、星の模様のないドンス（ドチザメ）もかかるときがある。令和二（二〇二〇）年八月五日、刺し網にカスザメがかかり、乗組員仲間の指をかじって離さなかった。デッキブラシの柄をサメの口の中に突っ込んで、ようやく離したことがあった。

パンのかかった網（2018,6.15）

●パン

海綿のこと。波がないときはパンが少ないが、海が荒れると多くのパンが網にかかる。レイチェル・カーソンも『海辺—生命のふるさと』のなかで「緑色の「パンのかけら」と呼ばれるイソカイメン」（注3）と述べている。日米に共通する同じ感覚をもっている。ただし、ボダとも呼ばれ、パンの呼称はもちろん日本に菓子パンが普及してからと思われる。グローブ型のクリームパンそっくりのものが、網の中から現れることもある。とくに、漁師が「北」と呼んでいる、相馬市の鵜《う》ノ尾《お》岬から北の海域からパンが多くなるという。

●ヒトデ

震災前のシタモノの代表は、ヒトデであり、震災後は少なくなったという。マヒトデとネヒトデに大きく分けられる。春雄さんはかつて、サバ一匹捕るのに、黄色いマヒトデが網いっぱいにかかったという体験がある。サバや死んだカレイにはマヒトデがいっぱい付くが、港に戻ってから、そのまま網を船から海にぶら下げておくと、自然にいなくなるという。そのほかにクマサカと呼ばれるネヒトデ（オニヒトデ）がいる。固くて突起のあるヒトデは、網からはずしにくいが、お湯に入れておくと柔らかくなり、ボロボロに身が崩れてしまう。そのために、ヒトデが多いと、魚をはずした網のまま、船上の、お湯にしておいたタンクやポリタルに入れておくことが多い。四〇度くらいの、人間がお湯に入るのにちょうどよい温度だと柔らかくなり、一〇〇度になると固くなってしまい、逆にはずしにくくなる。この一〇反もの網が入るタンクのことを、通称ヒトデゴロシとも呼んでいる（二三九頁参照）。

お湯で柔らかくなったヒトデ（2020.5.18）

ヒトデは、以前は農家では肥料として重宝にされ、ヒトデと野菜とを交換してもらってきたこともあった。自分の家の畑にも、ヒトデやパンを埋めておいたこともあったという。

●ホヤ

海底の根の一部をもぎとって刺し網にかかってくることがあり、この白いものを「馬の歯」と呼んでいる。この根と共に、ホヤなど

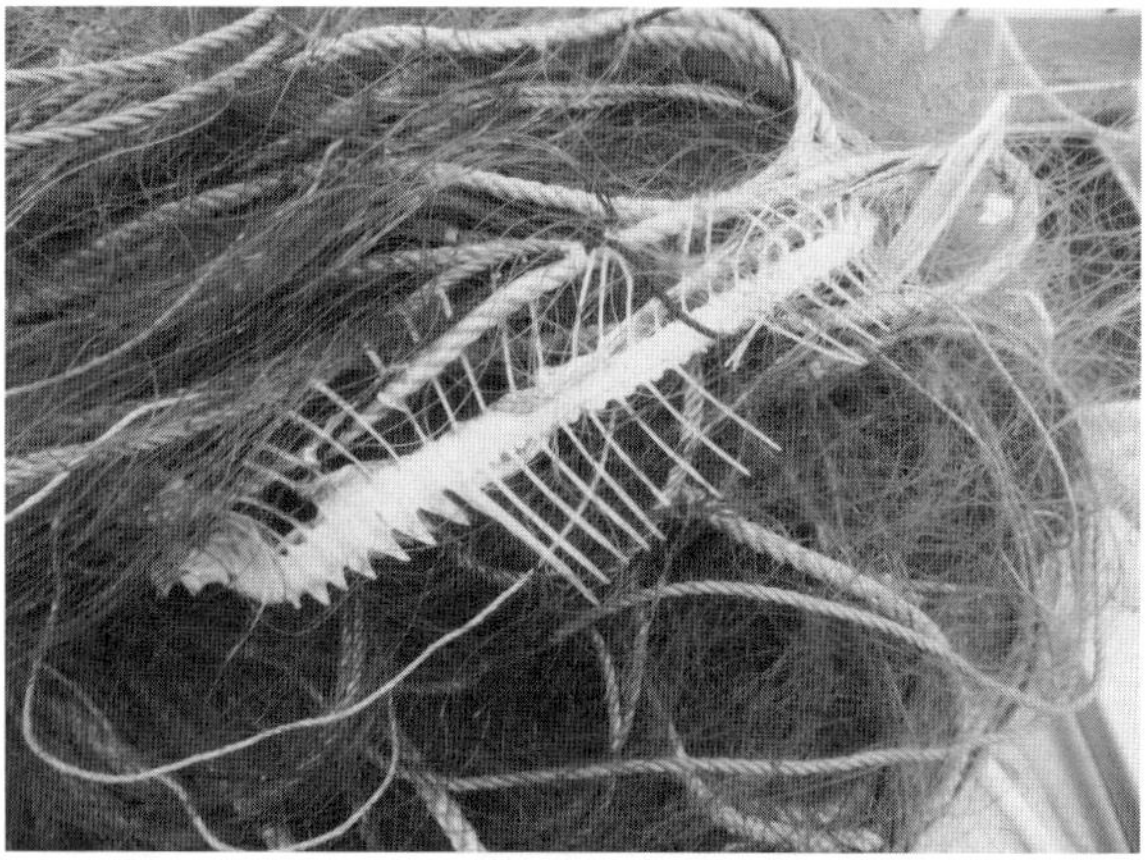

ムシに食われた骨だけの魚（2020.5.27）

がかかるときがある。

夏は根付きのホヤがかかり、秋は「流れボヤ」がかかる。最近は新地でもホヤを食べるようになって持ち帰るが、以前は刺し網にかかるクリ（ウニ）と同様に、口に入れることはなかったという。

●ムシの付いた魚

カレイが網にかかるとムシが付く。カレイのエンガワなど、弱いところから食われる。網の中に、骨のままの魚（骨カラ）がかかってくることがあるが、おそらくどんなに魚好きの人間でも、このように上手には食べられないだろうと思うくらいの姿である。これもムシの仕業である。ムシはヒラメを好むといい、最後に脂の少ないカスベを食べるという。

●モヤシ

砂地に着き、オキとナダの間にホギル（成長する）。ナダ（一一四頁参照）にはいないが、五月になってホギル頃にナダにもかかってくる。オカに上げて真水をかけ、一カ月ほど干しておくと、自然に枯れる。船上で水をかけると、多くの砂が甲板に流れる。このモヤシに追われて、魚が移動してくるという。これが刺し網にかかると、一反の網を一人で持つのがたいへんなくらいの重さになる。令和二（二〇二〇）年の夏は、モヤシの夏だった。通常は鵜の尾岬から南側の海に生えるはずのモヤシが北側に移っていた。

網にかかったモヤシ（2020.8.11）

モヤシの正体は、動物性プランクトンのオタマボヤが絡んだ海藻や砂であり、浅海に多くおり、海の中では、ヒラメの幼魚がこれを摂食しているという報告もある。

ほかに海藻類では、アカモク（アカムク）やハナモクが網に絡むことがある。アカモクは磯（宮城県山元町）のナダで九月頃、根と根のあいだのヨドでかかったという。キップシ（流木の小枝）にハナモクが付いた様子は、花が咲いたように見えた。

他人が故意か事故か、落とした網そのものもかかることもある。その網の中にはテッキリという、手でさわると切れる小さな生物がいる場合もある。

持ち帰る生物

カレイやヒラメの刺し網において、ケンコやパン、エイやサメのように、明らかに海に戻してくるものと、そのまま持ち帰る「食い魚」に相当する生物もある。ときによって、市場に出したり、家に持ち帰ったりする生物の代表は、カニとツブである。市場の値、季節、漁師さんの判断により、その日によって「売り魚」になったり「食い魚」になったりする。

●ガニ（カニ）

固定式刺し網にかかるカニのうち、売りに出すカニは、エッチガニとツノガニなどがある。エッチガニは甲羅に「H」の文字が読めるための呼称、ほかに色や形からアカガニとかマルガニと呼ばれている。標準和名はヒラツメガニ。ツノガニはガザミ（ワタリガニ）のこと。これも左右に角のように尖っている甲羅の形態から、そう呼ばれている。ほかに、シャコ網にかかったカツコ（クリガニ、和名へイケガニ）などがある。

宮城県の磯（山元町）では、売りに出すために専門にナダでワタリガニを捕っているが、四～五月頃には、ほとんどメスだけが捕れるが、六～七月の産卵期を経ると、八～九割がオスしか捕れなくなる。オスが多くなると、漁期の終わりを示している。

ガニを商品として売るときは、ハサミを甲羅の中にたたみ込み、ハサミを出さないように両足のそれぞれに太い輪ゴムで体ごとくくってしまう。そのようにしておくのは、ヒトが扱いやすく、ガニ同士がカゴの中でハサミを出してケンカをして体が傷つかないようにするためだという。このハサミの筋力も強く、大きいツノガニだと、ハサミを扱うときは、ヒトと腕相撲をしているような力が必要な感覚のときもある。

●ツブ

ツブは砂地にいるマツブ（ヌタツブ）と、ナダの根にいるネツブ（ナダのツブ）が、かかってくる。マツブはモスソガイのことで、ネツブは茶色の固い殻で、ベロ（足）を出していない。オキでタコカゴ漁などのカゴに入ってくるのは巻キツブやシロツブである。

マツブの仔は、トウギミ（トウモロコシ）のような形のなかの粒に入っている。これをホーズキと呼んでおり、このホーズキも網にかかってくる。ヌタツブの好物はサバやサンマなどの青モノで、以前に行なっていた、ツブを捕るためのツブカゴ漁は、餌がサバであった。何個かのツブがサバにすがり、ベトベトとした「ヨダレ」を出して、サバを溶かしているままの姿で、網にかかってくることが多い。この状態を「魚さツブ抱いてくる」と言っている。シタモノはずしのときに落ちたツブが甲板やコベリの内側に少しずつ移動しながら貼り付いていることがあり、水をかけてもなかなかとれない。一個ずつ手ではがして拾うしかない、やっかいな代物《しろもの》である。ツブを売りに出すことも多く、マツブとネツブでは、マツブのほうが高い。

「食い魚」から生まれる食文化

「食い魚」とは、傷んで売れなくなってしまった魚や、安くしか売れない魚に相当する。たとえば、冬の刺し網などにかかるタラのなかに、ムシが付いて表面が白くなっている場合は、売れないので「食い魚」となる。「食い魚」は季節によっても変わり、アンコウは冬には一キロが千円から三千円で売れるので、家庭で食べたことはなく、夏になると一キロが百円にしか売れないので「食い魚」となった。

新地の浜では、トラフグやヒラメ、イシガレイ、ホシガレイ、スズキ、サワラに至るまで、以前は高く売れる魚は食べたことはなかったという。せいぜいアカジガレイの小ガレイを、サッカケ（軒）の下に干してから食べるとか、カスベ、サクタロウ（オコゼ）などの安い魚を食べた。また、今はなかなか見ることができないが、かつて刺し網にかかってきた魚にコウノシロ（コノシロのこと）がある。一タル千円にしかならず、しかも小骨が多いので、子どもには食べさせなかった。骨ごと砕いてスリミにするか、三枚おろしにして酢漬けにしておくと骨が柔らかくなって、それを食べたりした。

つまり、数多く水揚げされる魚の原産地に同じ魚のメジャーな食文化はなかったのであり、これが「漁業」というものの基本である。たとえば、宮城県の気仙沼の鶴ヶ浦には、明和八（一七七一）年の長崎俵物《たわらもの》の文書が残されており、「煎海鼠《いりこ》」を生産していたことがわかるが、漁民がそれを口にしていたわけではなかった。昨今の、地域の「食文化」論が瓦解するのは、この地点である。気仙沼で七月土用に捕れたメヌケなどのアラ（骨）に菜っ葉（ハクサイ）の古漬けを水にさらしてから炊き、それに酒の粕を入れたアザラなどは、たしかに残り物を利用した「食文化」に違いないが、観光客が誤解するように、食卓でフカヒレを食べていたわけではなかった。

ウスコのナマ

シタモノが食文化を支えている事例を一つ、挙げてみる。新地町の災害公営住宅に移り住んでから、食費がめっきり減ったような気がするのは、私がお世話になっている春雄さんが、毎日のように捕れた魚やもらった魚介類や野菜類を持ってくるからである。

ある日、いつものように突然、「ウスコのナマ」という言葉を連発しながら、小鉢を抱えて家に入ってきた。「ウスコ」も「ナマ」も理解できない言葉であった。恐る恐る中をのぞけば、イカの塩辛のような色をした塊であった。尋ねれば、ウスコとはエイのこと、ナマとは刺身の意味、エイの刺身を持ってきたわけであった。この地方では、ほとんど売りに出すことのない魚である。

エイ料理は平成二八（二〇一六）年の夏に、韓国の離島、黒山島《フクサンド》で、そのアンモニア臭と共に、非常に強烈な味体験をしている。口の中でトイレが爆発して鼻に抜けるような衝撃が忘れられなかった。しかし、このウスコを口に運んだところ、なんとも甘い珍味で、舌ざわりも良い。

新地だけの食文化で、隣の原釜（相馬市）では食べることがない。夏が近づくと、お年寄りから「ウスコのナマが食べたいから捕ってこい」と言われたものだという。アオジソが生えている時期に捕れるので、これと合わせて、味噌と砂糖を加えて食べると旨い。

仔持ちガレイと寒ビラメ

漁村における食文化とは、基本的には市場で売れない魚を用いたことを先に述べたが、魚が旨い時期が、魚が高価に売れる時期であることは、むろんのこと漁師さんは、よく知っている。たとえば、釣師浜でカレイが一番高く売れるのは年末であった。それは冬季にカレイが産卵期に入るからで、仔持ちガレイが煮魚として旨いからである。このような産卵期のカレイのことを「抱きガレイ」と呼ぶが、とくに一二月のツメ網の頃、セリドキのカレイのことを「ホウ抱き」という（寺島正志さん［昭和七年生まれ］談）。「抱きガレイ」は群れるので捕れやすく好漁期でもあった。「持ち仔」と呼んで、いつまでも仔が出ない魚はとくに美味しく、高く売れた。

また、仙台地方の仔持ちの「年取りカレイ」はナメタガレイだが、新地ではイシガレイであり、仔持ちは子々孫々へつながる意味もあって正月の縁起物としても好まれた。さらに釣師浜では、男子のうち長男坊がその仔持ちガレイを神さまに上げるという。その頃は、ホシガレイやマコガレイも、高価に取引される。

ところが産卵を終えると身も細くなり、味も落ちるので安い。イシガレイの場合は、年越しの一週間前は一キロ三千円もするが、年を越すと百円になる。マコガレイも同様に、一キロ二千円から百円に推移する。仔を産んでしまったカレイのことを「ガッパカレイ」と呼んで、市場でも二束三文である。刺し網でかかるカニも、卵を持っているカニが好まれ、仔を外に出した「デゴ」と呼ばれるカニは相手にされない。

これは、あくまで「煮魚」という料理法から捉えた魚の旨さであり価値であるが、「刺身」となると逆転する。たとえば、夏に産卵するヒラメは身が柔らくて旨くない。五キロのヒラメのうち一キロが仔であるのも割が悪い。何といっても、産卵して五カ月以上経った、とくに「寒ビラメ」の刺身が好まれ、高く売れた。これはホッキ貝の場合も同じで、仔持ちで刺身にするものは安くしか売れない。

暮れの新地の魚屋に売られていたミズドンコ（2018.12.22）

ウミドリのお雑煮

新地での年越しは、仔持ちのイシガレイだけでなく、好まれた魚がある。ミズドンコ（標準和名エゾクサウオ）という、焼夷弾にヒレが付いているような、ずん胴な魚である。年末に刺し網にかかってくるが、オカの者たちも、もらいに来た。二時間くらい塩漬けにして干すが、正月のフナカタ（漁師）の保存食になる。以前はフナカタの家で干していたが、今は魚屋で干しているのを見かけたことがある。

同じ季節、刺し網にかかってくる、魚ではない生物がある。令和元（二〇一九）年の一二月二五日のクリスマスの日の未明、その年最後の刺し網（ツメ網）に出た。いつものように眠かったが、世界中のサンタクロースも寝ないで仕事をしているだろうと思いながら、自分に活を入れていた。ところが、この日、刺し網のなかに、黒い鳥が二羽かかった。

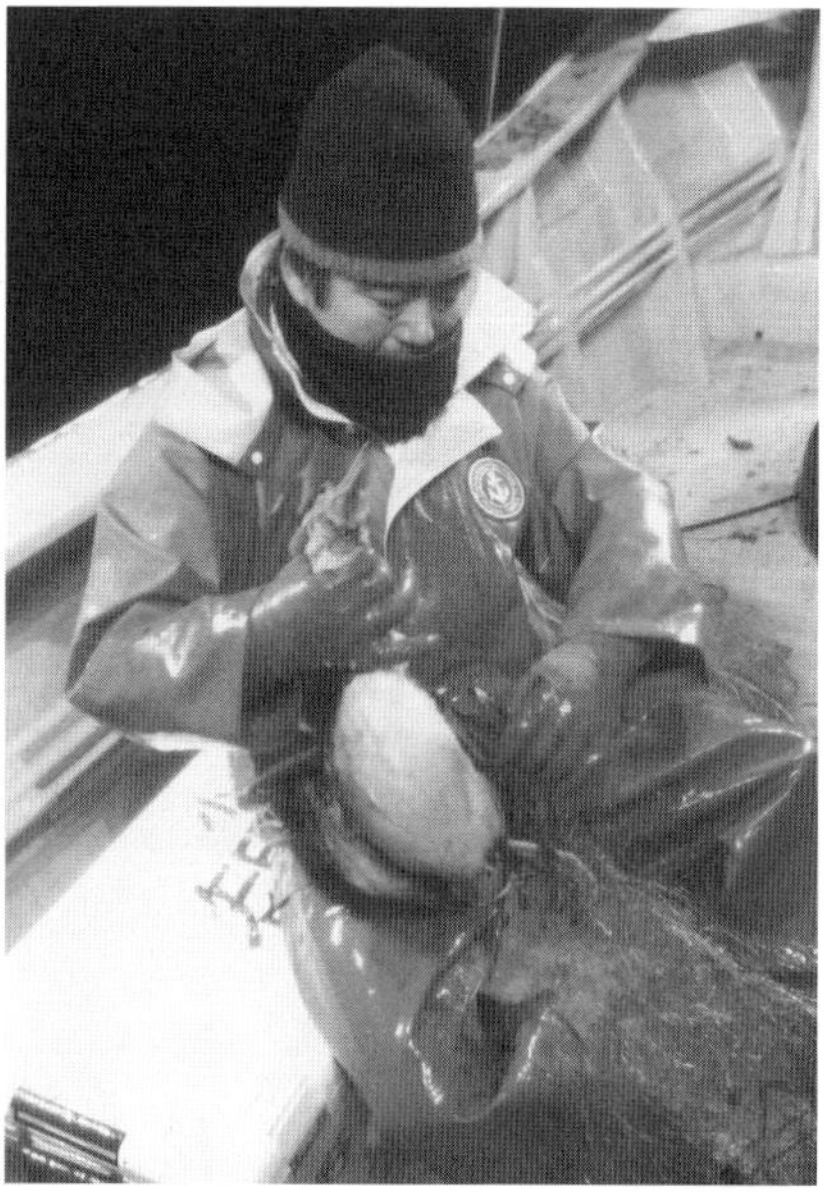

刺し網にかかったウミドリ。昔はお雑煮の出汁になった（2019.12.25）

噂に聞いていたウミドリである。カレイには一〇種類以上の呼称があるのに、「海鳥」とはなんと大雑把な命名であろう。脚が赤く、口ばしが黄色なので、アカアシ（アカアシドリ）という別称もある。寒い時期、ナミノセやナミノッパという浅瀬で、潜って何かを捕食しているのだろう。ウトウにも似ているが、一般名と同定していない。以前は、網一反に四～五羽がかかったこともあったという。

これが、釣師浜の雑煮の出汁《だし》になり、肉は黒いが脂があって、忘れられない旨味の記憶となった。今は用いることがないが、以前は惣平オンツァンという「ウミドリ売り」の人がいて、食べられるばかりにして、自転車で回りながら、一羽を百円で年の瀬に売っていたという。オカに上げられていたウミドリを拾い集め、ぬるま湯の中で毛をむしった後、藁火で産毛を燃やし、脂が出たところで、軒先に首を上にして、ぶら下げて乾燥し、保存していた。漁家でも、同様な方法で保存していたものだという。

釣師浜は、このウミドリを、年が明けての七草にも用いる。セリなどの青物・ゴボウ・ニンジン・ダイコン・アブラゲ・シイタケ・ウミドリの肉の七品に餅とご飯を入れたものが、この地方の「七草粥」である。

カジメの味噌漬け

海浜集落でもある釣師浜は、「六脚《ろっきゃく》」（消波ブロック・テトラポッドのこと）が置かれる以前は、幅が一〇〇メートルほどもある砂浜を有していた。春雄さんによると、盛夏には海に出るまで、砂が熱くて裸足で走れなかったくらい遠かったという。

新地では、この砂浜で「砂ワカメ」というものを作った。春雄さんの父親の文雄さんが和船のイッカンコで中磯まで行き、ワカメを採ってきた。そのワカメの耳を取って砂に干す手伝いである。天日が強いと塩水をかけた。最後に、砂鉄の多かった浜では、その砂鉄をもって手でもみ、艶を出した。黒っぽいほうが見栄えが良いからである。南京袋で一貫目（約四キロ）が四千円で売れたという。

この父親が刈ってきたワカメのなかに混じっていたカジメを釣師浜では食用にした。商品にならない鉛筆のように細いワカメも家で食べるほうに回したが、カジメは味噌漬けに調理した。カジメにミョウガと味噌を入れて作ったもので、夏の暑い日、食欲のない日などに、白いご飯に混ぜ、水をかけてサラサラと食べた。春雄さんにとっては、このカジメの味噌漬けの味は忘れられない記憶となった。

この例でも、商品価値のない取得物から、その土地の食文化が生まれていることがわかる。また、「食い魚」などの余ったものから商いへと移る場合もあった。磯（宮城県山元町）にいた、春雄さんの母方の叔母のツメ子さんは、壊れて売り物にならないホッキ貝（壊れボッキ）を一〇個千円で釣師浜の町に売りに来たという。春雄さんの祖母のツネヲさん（明治三三年生まれ）は、スズキの延縄《はえなわ》漁の餌のスナエビが余ったときに、ヤマニシ（宮城県丸森町）のほうへ売りに行っている。次章では、この「魚を売る」ことについて、述べていきたい。

注1　レイチェル・カーソン『潮風の下で』（岩波現代文庫、二〇一二）九二頁
2　加藤真『日本の渚』（岩波新書、一九九九）七六頁
3　レイチェル・カーソン『海辺―生命のふるさと』（平凡社、二〇〇〇）一六六頁

第二章　魚を売りに行く

漁業と商業のあいだ

私は以前、本業の用事で出張へ行く日の朝などは、未明からの船には乗らずに、よく頼まれる仕事があった。原釜の市場へ先に行き、セリが始まる前に「観音丸」と書かれた魚カゴを数個、並べてくることである。要するに漁船ごとに行なわれるセリの場所取りである。一般的には、セリを開始して二〜三番目くらいに一度、値が上がり、中だるみの後、尻上りに高くなるという。その値が高くなりそうな場所に、先頭の空カゴだけ置いてくるのが、私の役割であった。

ところが最近は、刺し網漁の場合、市場への先着順ではなく、沖から釣師浜港に戻った船の順番がそのままカゴの並びの順番に適応されるというルールになった。

また、令和元（二〇一九）年からは、かつての放流のためか、ヒラメが大漁し始めたので、市場に出すヒラメの数にも、資源保護と魚価安定のために、出荷制限が始まった。乗組員数によって、当初は一人乗り五〇枚、二人乗りは七〇枚、三人乗りは九〇枚に決められた。ヒラメの捕り過ぎが懸念されたばかりでなく、大勢で乗れば乗るほど、仕事が楽になるからという判断であるという。三人乗りの観音丸の場合は、乗組員一名に付きヒラメ三〇枚になったのである。私が乗

主な漁業の魚市場でのカゴの並び順

	震災前(新地漁協)	震災後(原釜漁協)
固定式刺網	入港順に船名を書いた木札を下げておき、その順番にカゴを並べる。	市場の到着順。現在は釣師浜港への入港順。
船曳き網	船ごとにクジを引き、毎日交替する。	6〜7グループでクジを引き、グループごとに交替する。
流し網	セリの前日の晩のうちに木札を下げる。	市場の到着順。

子として観音丸に乗船するだけで、ヒラメ三〇枚の許可を得ることに、少し誇らしげな気持ちになった。ところが、さらに制限が厳しくなって、一人乗りが三〇枚、二人乗りが五〇枚、三人乗りが七〇枚となった。漁にも「魚売り」にも、あくまで平等性を追求する漁師たちの性向を感じた。この同じ平等性は、新地の漁船内のことであるが、市場で魚のカゴが少ない船に、そのとき多く捕った船がカゴのまま少し譲ることにも見られる。

さて、私が乗船している観音丸のオヤカタ、春雄さんの船上での行動を見ていると、いかに魚を高く売るかということを達成目標に魚を捕っていることがわかる。「生業戦略」などという大げさな学術語彙を使用するのが、身もふたもない気がするくらい、常識的な事柄なのだが、これまでの漁業の民俗学は、魚を捕る漁具や漁法・漁獲量だけに目を向けられ、このような漁業と商業のあいだの考察が抜け落ちていた。

原釜のセリの現場

東日本大震災以後、翌年には「試験操業」が始まったが、相馬双葉漁協で魚市場(相馬原釜地方卸売市場)が再開され、入札できるようになったのは、平成二九（二〇一七）年六月のコウナゴ漁からである。ただし、それまで市場が開設されていた新地と請戸《うけど》（浪江町）は、原釜の市場まで魚を運んでいる（請戸は令和二年に市場を再開）。新地の釣師浜港からは車で一〇分の距離であったが、セリが開始する時間に合わせるので、帰港時間やオカ仕事の時間が限定されるようになった。

平成三〇（二〇一八）年の四月のコウナゴ漁の場合、午前四時に新地港から一斉に出発して、六時間後の午前一〇時までに、釣師浜港に水揚げをしてから、一一時のセリの開始に間に合うように、すぐにもトラックなどで相馬双葉漁協へと運んだ。

当時のコウナゴ漁は、新地で一〇経営体（二艘曳きなので二〇艘）、相馬原釜で二五経営体（二艘曳き四四艘、カケ回り［一艘曳き］三艘）、合計三五経営体の漁船が水揚げしたコウナゴのカゴが市場に並べられた。船（二艘曳きの場合はアンブネ）ごとに並べられるが、置く場所は、毎回順番により、七経営体くらいが丸ごと移動していく。漁期初めのクジによって決められるが、それ以降は、基本的な順番は変わらない。セリ落とされる金額も置かれたカゴの場所によって違うので、仲買人によって入札を終え、漁協のセリ人が並べられた順番にしたがってカゴごとの値段を付けていくと、市場内に一喜一憂の声を伴ったざわめきが生まれる。一般的には、セリの当初と最後は、値が高いと言われるが、相場は水物である。まさしく市場自体が、偶然性に左右され、第二の漁場のような趣がある。カゴ運びを手伝う漁家の女性たちによって、どこの船がその日、どのくらいの水揚げ金額を上げたかということが知れわたってくる。「試験操業」とはいえ、漁場とセリ場は、震災前と同じ競争社会そのものである。

　コウナゴやシラスだけでなく、刺し網の場合も、セリが始まると、仲買人が業者ごとの番号が印刷されている紙札に、カゴごとに一キロ何円の数字を書いて伏せて入れておく。それを船ごとに、組合のカギブチ（セリ人のこと、カギで魚を打って運ぶためか）の合図で、一斉に紙札を開く。紙を開くときは、これもユイコの一つであろうが、他の船の者も手伝って開く。他の船の魚価とそのときの相場を知りたいということもあるだろう。すぐにも、組合の職員がカゴごとに、一番高く買った業者の番号と一キロの魚価の数字をマジックペンで紙片に書いて、それをカゴに見えるように入れておく。最後に自動ハカリで、一カゴごとに量られ、一キロの魚価が掛けられて全体の合計が出る。カゴをハカリに集めるのにも、他の船が手伝う。ハカリで計算された「水揚仕切書」がその場で船の者に渡され、仲買人によって運ばれた魚の空カゴを集めて終了となる。

　その「水揚仕切書」には、水揚げ船（たとえば観音丸）と業態（たとえば固定式刺網）が記された上、品名・単価（一キロ）・数量・金額・買付人（番号）が付され、合計として数量・水揚げ額に消費税が加わり、合計金額が記されている。ただし「品名」の市場名は、漁師さんたちの呼称とは違っている場合がある。たとえば、ツブは仕切書では「モスソガイ」であり、イシモチは「ニベ」、アオベロは「クロウシノシタ」、サクタロウ（オコゼ）は「カジカ」と、標準和名で表記されている。

売る魚の見栄えを求めて

原釜のセリの現場は、漁師の奥さんたちのカッパ姿の割合が多いが、並べたカゴの中の魚に、セリが始まる直前まで、ポリバケツで水をかけている姿を見かけることがある。魚をできるだけ新鮮に見せるための行動である。

春雄さんもコウナゴをセリに出したとき、最後までカゴの中のコウナゴを調整していた。同じ大きさにそろっていることが見栄えが良く、漁師たちがジャンボと呼んでいる大きなコウナゴは避けられた。また、「爆弾コウナゴ」と呼ばれ、太陽が昇ってくるとダラスケ（オキアミ）などを食べて腹が赤くなっているコウナゴは、腹が裂けやすく、見た目も悪いので避けられる。コウナゴ漁は、きれいな青筋を引くコウナゴが捕れる「朝網」のうちがよく、太陽が昇ってくる前に捕るのが秘訣であるという。コウナゴの一番網と二番網で捕った魚だと、二倍くらい魚価に差が付く。また、底にいるコウナゴも餌を食わない前なので「爆弾」が少ない。以前のコウナゴ漁では、網を海底の根に引っかけないように上層から中層を曳いたが、震災後には魚探（魚群探知機）の性能が良くなり、コウナゴが底にいそうなときは、下層を曳くようになった。

シラスの場合は、水揚げから時間が経つと「腹が裂ける」と言われ、すぐに氷で冷やしておくと裂けないそうである。私はシラス漁のときは、捕ったシラスと氷を、カゴの中で、素手でかき混ぜる役割であった。真夏とはいえ、素手で氷をかき回していると耐えがたくなるほど冷たくなり、その手はいつのまにか生ぬるいシラスのほうを探っている。

ヒラメを大きさごとにカゴに入れ、先頭に大きな魚を並べる（2020.9.4）

当初はこんなにかき回したら、シラスの身は砕けてしまうのではないかと、おそるおそる手を動かしていたが、捕りたてのシラスは丈夫で、足で踏んでも壊れないという。かき回せば回すほど白くなるが、このことも市場に出す魚としては見栄えが良い。プランクトンを食べて少し赤くなっているシラスも腹が裂けやすく、それも「爆弾」と呼ばれて避けられる。シラウオも破砕したものは、水揚げしてからの選別の段階で分けられる。

コウナゴもシラスも、新鮮なものは「し」の字に曲がるが、この場合も、鮮度を抜きにして、がおって（弱って）真っすぐに伸びたものから市場へ出した。

ヒラメやカレイの場合は、死んだ魚はカゴの中に白い腹を見せて出す。その日に水揚げした、一番大きな魚をカゴの列の先頭のカゴに入れ、順に小さな魚を入れることも意味があるようだ。

私も魚はずしに慣れるにしたがい、動いている小さなヒラメやカレイを刺し網からはずすコツを得てきた。頭から網をはずしていって、人間の肩に当たるような部分の骨（顎骨）から網をはずせば、ひとりでに、するりと抜けていく。しかし、震災前のヒラメやマコガレイ、ホシガレイなどの高価な魚は、網のほうを切ってから出したという。無理に網からはずすと、一晩置いておくだけで、腹の白い部分に赤い網の痕が浮き出るという。養殖したヒラメが網にかかった場合も、翌日に赤い斑点が現れてくることがあるが、このことを「ぶちる」と言った。背がまだら模様になった、通称パンダヒラメなども、もちろん商品価値が下がる。

流し網で捕るサワラも、船の甲板で死んでから氷水のタンクに入れる。生きているうちだと、タンクの中で暴れて表面に傷が付くからである。また、氷だけでは白くなるので、必ず水を入れて加減しながら、市場で見栄えのよい魚を目指す。

市場で「活魚」、漁師たちがイキモノと呼んでいる魚は鮮魚の二倍も値が付くことがある。活きの良さが売り物であるが、入札する仲買人たちも、カゴを足で一度蹴とばしては魚の動きを調べて、札を入れている。

シニモノ（鮮魚）も、捕ったばかりの魚を船上で氷に入れておくだけで新鮮さを保つという。陸で使うオカゴオリに対して、船に積む氷のことをオキゴオリと呼ばれるが、観音丸は、捕った魚を船上で市場の見栄えを考慮した選別を行なうために、このオキゴオリを必ず積むことを忘れない船である。

活魚で勝負する

新地の固定式刺し網漁の場合、今は試験操業のために「日おこし」といって、午前三時頃に網を入れ、一日待って上げることに一律に決められたが、以前は午前の暗いうちに網を入れ、夜が明ける頃にすぐに上げる「待ちおこし」という操業方法もあった。また、逆に一日ではなく、二晩から一週間も網を海に沈めておく「ナガヨゴメ」もあった。

魚の活きの良さで勝負するなら「待ちおこし」だが、魚の量は少なくなる。魚の量だけなら「ナガヨゴメ」が有利であるが、不必要なシタモノをはずす時間に振り回される。魚の質をとるか量をとるか、漁師さんの頭の中には、いつも、その日の漁の魚が、魚市場でできるだけ高い価格で売れることを考えている。多少の賭けは伴うものの、だからこそ漁は「面白い」のである。

観音丸では、カメ（魚艙）やトラックの水槽に、酸素を吸入するエアーポンプの装置を船や車に設置している。刺し網に魚がかかると、船上で魚をはずしながら、その場でシニモノとして売る魚は氷の入れたタンクに入れ、イキモノとして売る魚は、酸素を入れているタンク（ヒトデゴロシ）やカメに放り込む。その捕ったばかりの魚を分ける判断からして難しい。

イキモノはそのままカメからトラックの水槽に移され、トラックは市場へと向かい、カゴに魚を入れて並べるセリが始まるギリギリまで酸素を入れて元気よくしておく。

ある日、原釜の魚市場で、空カゴを並べて、場所を確保した後、活魚のセリを待っていた。ところが、セリが始まっても、春雄さんは、市場のそばに待機しているトラックの水槽のヒラメを、魚カゴにあけようともしない。焦っているのは当方だけで、何度も近い距離を往復しながら、「春雄さん、間に合いませんよ。早く魚をよこしてください！」と、ほとんど叫び出さんばかりに訴え続けたが、ギリギリになって動き始めた。

トラックの水槽に酸素を入れてヒラメを活かしておく（2019.7.17）

ヒラメを入れたポリタルのまま運んできて、カゴに入れるのも面倒とばかりに、コンクリートの床（たたき）にどっとあけた。ヒラメは体をU字型に曲げて、バタバタと跳ねている。すぐにも、仲買人たちが落とされた魚の回りを囲んで、札がヒラメの上を飛びかい、値が決まった。後で思うと、なんと見事なパフォーマンスだったろうと、感心したものである。

新地の魚市場

ヒラメやカレイ類はこのように体を曲げる力が抜群で、刺し網からはずすときも、体を曲げて抵抗する。以前はU字型に丸まったヒラメは、新鮮に見えたので値が付いたという。魚カゴがなく、樽に入れていた時代のために、体が丸まったまま硬直していたからである。以前の市場では、この樽ごとに入札を行なったので、それを運ぶ「樽カツギ」と呼ばれる役の者もいたという。

新地では、その魚市場の入札に魚を運ぶことを、「魚を売りに行く」と語っている。震災後は、車で一〇分ほどの原釜の魚市場まで運んでいるが、それ以前は、釣師浜港にも市場があってセリを行なっていた。ただし、午後の一時からのセリで、午前の原釜で終えた仲買人が集まるので、魚価は原釜より二割くらい安かったという。東日本大震災の日、新地の漁師たちは、このセリを終えて、自宅でゆっくりしていたときに地震に遭遇している。

この新地漁協のカギブチを平成九（一九九七）年まで自分の声でセリ掛け合いをしていた菅野幹雄さん（昭和二二年生まれ）によると、多いときで八〇隻の船が水揚げした魚を差配していたという。脇に立っている「帳付け」が金額の書入れを間違ったときを案じて、首にテープレコーダーを下げて、自分の声を録音していた。

幹雄さんがカギブチを始めた昭和五〇（一九七五）年には、市場の建物を新築した。昭和四八（一九七三）年にはカゴ売りが始まっていたが、それまではバンダイという高さ五〇センチ・広さ八畳ほどの板の台に、捕ってきた魚をタルごと撒き、その魚の山をT字型の棒（「仕分け棒」）で押し分け四等分にしてから、ひと山ごとに入札したという。「カツンコ（担ぎ）イサバ」や「コ（小）イサバ」と呼ばれる、リヤカーや自転車で魚を新地の町に売り歩くばあさんたちも、バンダイの回りの椅子に座ってとり囲んだ。カツンコイサバは当時、五人くらいいたという。イサバ（五十集）は、以前は「買人」、「仲買人」のことを指した言葉である。

このかつての魚市場の裏の家が、春雄さんが東日本大震災まで暮らしていたところで、子どもの頃からコンクリートの生け簀に入った魚や市場の様子を体感していたのである。

第三章　春雄さんの半生記

少年の頃

小野春雄さんは、昭和二七（一九五二）年二月六日に、小野文雄・ハナイ夫婦の長男として、新地村谷地小屋《やちごや》字浜畑《はまはた》（釣師浜）で生まれている。本家から独立して、春雄さんで三代続く漁師の家であった。浜畑の通称ヤリ町と呼ばれる一角は、一二軒のうち七軒が漁家であり、漁師たちが多いところであった。

春雄さんは、もの覚えがつく頃には、家の手伝いをしていたという。家の前の釣師浜は、当時幅が一〇〇メートルくらいもあり、炎天下の季節には、海に行くまで素足が焼けるように熱かったという。この広い浜に、父親が採ってきたワカメを干したり、松原では、風呂の焚き付けにするゴンノ（枯れた松葉）拾いや、それを竹の熊手で集める手伝いをした。学校行事としても、田でイナゴ捕りや稲穂拾いをさせられた。これは教材を購入するためである。

「捕りもの」が好きだったという春雄さんは、イナゴは自身でも捕り、布袋《ぬのぶくろ》に五升も捕ったことがある。袋のまま家の母親に渡すと、母はそれを茹でてから羽根と脚を抜き、ショウユと砂糖で煮てから、仙台の佃煮屋に売りに行った。イナゴは食べたことがなく、売るものだと思っていたという。自分が捕った生き物を、「食べ物」と「売り物」とに区別して考える認識は、子どもの頃から培われていたものらしい。

遊び場所は、もっぱら家の近くの川であった。シジミやメダカをすくい、ミミズを餌にしてフナコを釣った。カエルを捕って皮をはぎ、それを餌にして、ジャリガニ（アメリカザリガニ）を釣ったこともある。学校に行くのを止めて、大戸浜の山へ行く「ヤマ学校」のときは、カスミ網やモチでヤマドリを捕まえた。これは焼いて食べるためである。墓山ではセミも捕っている。

春雄さんが、初めて釣師浜を離れる経験をしたのは、通学していた新地村立尚英中学校の修学旅行である。この旅行は、昭和四一（一九六六）年四月二三～二五日で、東京・江ノ島・鎌倉方面であった。父方の叔母である小野ツエ子さん（昭和一四年生まれ）は、その頃、川崎で働いており、上野公園で春雄さんと面会している。当時の修学旅行では、このような東京に住んでいる親戚や身内の者と面会する時間が与えられていた。春雄さんは新地からシャコエビが入った箱を重ねた手土産を持ってきてくれたという。ツエ子さんは、甥にオレンジジュースとお菓子を渡したが、春雄さんが嬉しくて興奮していた姿を覚えているという。

「陸船頭」と呼ばれた母のこと

春雄さんの母親のハナイさん（大正一二年生まれ）は、本家の小野家から嫁いできたが、漁家であり船方の娘であったため、カレイ網や流し網などの「網結い」は、一人で寝ないで作った人であった。一反千五百円で網屋に注文するより、自分で作ったほうがよいと考え、一日五反は作ったという。その影響で、釣師の女性たちは、網を自分で結うようになったともいわれる。少しずつ他の漁家からも「網結い」を頼まれた人もいて、一反一千円で引き受け、生活費を賄うことができた。

ただし、お母さんはアバリを使わず、糸を歯に回して結っていたので、後年は歯を悪くした。網の寸法は、板に釘をさしたもので測りながら結っていたが、この歯を用いる方法は、早くできるかわりに、網がゆるくなったという。また、ハナイさんは、オカにいながら海上から見えるヤマ（山シメ・一一六頁参照）のことをよく知っていたという。

ちょこちょこと一日に何度も、家と浜のあいだを往復してあるきながら、網目を確かめたりしていたので、浜の者たちから、オカにいて海に詳しい「陸船頭《オカ》」と呼ばれて親しまれていたという。

学校を辞めた頃

春雄さんと出会っていた当初、昔を回想する話のなかで、たびたび「俺がやめた頃」と口にする、その時代がよくわからなかった。現在も船に乗っているので「船から下りた頃」とも考えられなかったし、息子に船を譲った頃なのだろうかとも思いめぐらしてもいた。それは、新地村立尚英中学校を卒業した頃のことを指していた。その後の五〇年以上ずっと、漁に携わってきた半生を思えば、印象の深い大きな転機の頃だったと考えてよいだろう。春雄さんの「半生記」は、漁師としての「半世紀」に合致する。

昭和四二（一九六七）年三月一五日の尚英中学校の「卒業証書授与式一覧」には、卒業生の氏名・保護者名・現住所・進路・赴任地の表が載っている。春雄さんのクラス、三年二組の四〇名のうち、進路に「家業（漁）」とあるのは、春雄さん一人であった。六クラス二三八名のなかでも、「家事家業」は五名（〇・〇一％）で、もう一人、大戸浜で家業の漁を選んだ方がいる。日本の高度成長期であった六〇年代後半のこの時期は、進学率も高まり（尚英中学校で約七一％）、就労する生徒（約二六％）は地元と県内と県外の都市部へと別れたが、県外への就職者は二倍もあった。

春雄さんは漁師の家の長男として生まれ、当然、家業を継ぐつもりであったので、中学三年生のときに船舶無線の免許を取得し、小名浜《おなはま》（福島県いわき市）で、漁業実習の講習会に一週間ほど泊まりながらの研修を終えていた。さらに、早く自動車免許を取得して家業の手伝いをしなければならない事情もあった。当時、釣師浜は築港しておらず、六トンくらいの漁船は皆、風波の荒い日は相馬の松川港に係留していた。その車で二〇分ほどの距離の運転を家族以外の者に頼んでいたが、春雄さんに、その運転を期待されていたからである。軽トラックの荷台に幌をかけ、出港のときには観音丸の船長（父方叔父の芳雄さん）と乗子三名を乗せ、帰りは同人数と魚を乗せて釣師浜へ戻った。魚を売るセリは釣師浜の市場で行なっていたからである。春雄さん自身は、当初は母方の叔父の利雄さん（小野家の本家）の水神丸（一～二トン）の乗子になったので、その合間を縫っての一日二度の往復運転であった。父の文雄さんも同クラスの漁船で一人、さまざまな漁をしていた。これらの小さな船は、釣師浜に上げ下ろしをしていた。

春雄さんが「学校を辞めた頃」の昭和四二（一九六七）年の釣師浜の漁業は、漁船がすでに木造船からプラスチック船（ＦＲＰ船）に代わり、動力化も進んで、漁師が「旅ばたらき」と呼ばれる出稼ぎをせずに、何とか「釣師前」の海で年間を通して操業できるようになったときである。それまでは冬季の三カ月間は、目の前の海では働くことができなかったからである。網は二～三年後にはアミラン（ナイロン網）から人造テグス網に変わった。春雄さんにとっての転機の頃は、釣師浜の漁業にとっても転機の時代を迎えていたのである。その漁の変わり目から前後にわたる両方の世界を体験したことが、春雄さんの特異な漁師気質を育てたと思われる。

シャコ漁から始まる

釣師浜では、最初に漁師になったばかりの若いうちは、自分の家の船ではなく、親戚か他人の船に乗ることが慣例であった。春雄さんの場合は、母親の実家で、小野家の本家でもある水神丸の、叔父の利雄さんの船に乗り、二人で漁をしていた。

春雄さんの最初の漁は、四～六月のシャコ漁であった。シャコ（シャコエビ）は夜に活動するので、漁の時間は深夜から明け方である。漁場は海底にドブ（泥）のあるノロジタ（泥が多いところ）のナダであり、宮城県の磯から笠野の前（山元町）が漁場であった。網の目合《めあい》は二寸五分（一寸は約三センチ）、長さは五～一〇反、網丈《あだけ》（網の高さ）は二ヒロ（一尋は約一・五メートル）の、錨を使うベタ網と呼ばれる刺し網であった。少し海に二～三メートルのうねりがあるときにかかり、一度に三〇〇～四〇〇〇匹のシャコエビがかかったときもある。

シャコ漁では、カッコ（クリガニ、ヘイケガニのこと）と呼ばれるガニが同時にかかった。シャコを素手ではずすときに前足で手の甲をたたかれ続けて真っ赤になったことも辛かったが、港の岸壁に上げた網の中の不要なカッコを、来る日も来る日も、暑い日でも、木ヅチでつぶしていたことも思い出されるという。

春雄さんが捕ったシャコを加工するのは、母のハナイさんであった。シャコはゆでた後、エビの曲がった腰を伸ばし、冷めたら脇のヘリをきれいにタチバサミで整え、上の皮をむいて、経木に一〇匹ずつ並べてから、仙台の寿司屋へ売りに行ったという。当時、浜に三人のシャコの売り手もいて、「仙台あるき」と呼ばれる行商をしており、シャコを竿秤で量り、当時は一匹五円で売った。磯の叔母さんは、シャコの上にスリコギを転がして身を出し、味噌と混ぜ、「シャコ味噌」を作って、皆から喜ばれたという。震災後は、ノロがなくなったので、シャコは少なくなっている。

前浜のベタ網

春雄さんは、五月を過ぎると、目合が二寸五～八分、長さ五〇間、深さ一ヒロのベタ網で、アカベロ・アオベロ・コチ（漁師たちはワニとも言う）・イシモチ・コウノシロ（コノシロのこと）などを捕った。漁場はナダで、主に宮城県の磯沖で行なった。錨を用いるのが特徴であるが、大きなアバ（浮き）を一尺五寸（尺は寸の一〇倍、約三〇センチ）ごとに付けて浮かし、カッコなどのシタモノがかからないようにした。三へイ（張り）に五反ずつ、一五反の網を刺しては、起こしていた。

釣師浜では、このベタ網で五～一〇ヒロ沖の前浜のナダだけで生活していた舟が一〇艘くらいあった。これらの二～三トンの舟は、釣師の前浜だけで、北の宮城県には行ったことがなかった。一回一万円くらい捕れることがあり、それでも暮らしていけるくらいの豊かな海であった。震災前から少しずつ操業する者が減り、このクラスの舟は、主にホッキ貝漁などに回っていた。

ベタ網は、イシモチやコチをねらったものであったが、安くしか売れないコウノシロ（コノシロ）がかかることもあり、また、仔を産んだシャコもかかった。これは、まずくなったので売り物にはしなかった。同じ網にかかる同じ生物が、季節によっては重宝にされ、それが過ぎるとシタモノ同然に扱われるわけである。

ほかにも、ベロ（シタビラメ）や、ナミノッパでソゲ（小さいヒラメ）を専門に捕ったことがあった。ソゲは南の鹿島町の烏崎《からすざき》や北泉《きたいずみ》まで、その漁場の範囲を広げている。また、ナダで打っている刺し網にクルマエビなどが数匹かかったときなどは、クルマエビ専用の網に切り替えて捕った場合もあった。クルマエビは一匹が三〇〇〜四〇〇円になったときもあり、夕方出かけてから夜に操業して戻ってくる漁であった。クルマエビの目玉が引っかかって、網からなかなかはずせず、目玉が捕れると死んでしまうので、ハサミを持ってきて、網のほうを切ってはずした。アミランの網の時代だったので、ヒトデやセグロイワシの「巻き」（尻尾が網にぐるぐると絡まること）など、シタモノをはずすにも苦労をした網だったという。捕ったクルマエビは木くずに入れて活かしておいた。

「泊り」の漁

春雄さんは、父親の世代のように、北海道から茨城県までの「旅ばたらき」をしていない。しかし、昭和四〇（一九六五）年代の、速度の遅い漁船では、「泊り」と呼んで、船で一泊しながら、北は宮城県の仙台新港から、南は村上（福島県小高町）まで、漁をしている。以前の世代の漁師たちは、木造船で北は仙台湾から南は木戸浜（福島県楢葉町、ヒラメ漁）まで移動していたという。午後三時頃に港を出て、漁場に着いてから刺し網を打ち、暗くなってから上げ、仮眠をとって朝方までに戻ってくる漁であった。

たとえば、夏季は「土用スズキ」と呼んで、脂が乗って刺身としても旨い時期に、魚価が一匹何万円にも上がるので、スズキ漁に出た。ナミノセとナミノセのあいだのユブを漁場とした。宮城県の日本製紙岩沼工場の前の泥んこ水（ヘドロか）で、スズキが網を見誤るために、よくかかった。スズキは網が見えると、そのままバックする魚で、網を回って逃げる魚であったからである。

スズキ網は、目合が四寸五分、長さが五反で、網丈が二ヒロの、錨を用いる底刺し網である。シオドキを見て、ガラシオ（干潮）時に網を入れ、シオイッペエ（満潮）になると網を起こした。夜間の漁であり、ボンデン（網の末端の目印として使用するもの）に灯りをともす技術が難しかった頃なので、よく見失った。釣師前でオカに上がった（座礁した）船も数えるだけで三艘もあったという。春雄さんは、このスズキ漁のときに左手の薬指を船と船のあいだに挟んでつぶしている。相馬市の羽黒山（三四五・八メートル）の麓にある、羽黒霊泉神泉湯に通って治療を続けたという。

「泊り漁」で用いた同じスズキ網は、秋にはナミノセやナダでサケ、冬季にはオキやダイナンオキ（五〇～六〇ダチ、注1）で、寒ダラやスケソウダラも捕った。暮れが近づくと、高値になるカレイ網を専門とした。サケのときは網丈を短く、タラのときは網丈を少しだけ長くした。

小高町《おだかまち》（南相馬市）の村上沖では、同様の「泊り」をしながら網を下ろし、当時、高く売れたアオベロ（シタビラメ）を捕ったことがある。利オンツァン（利雄叔父さん）の船（水神丸）で、叔父さんは乗らずに、春雄さんのほかに、利雄さんの奥さんの弟、恒三オンツァン（船長）、恒吉オンツァン、乗子、重美さん（現在の新地の組合長）の六人であった。カメの中に皆で寝るときは、藁の上に布団を敷き、カッパズボンをはいたままで寝ていた。木造のポンポン船（焼玉エンジン）で行ったために、重油の臭いで胸がムカムカしたものだという。船底からは、イシモチがグーグーと一晩中鳴いているのが聞こえて、うるさくて眠れなかった。

ほかに、遠くへ行った漁としては、新地にあった「又屋水産」に依頼されて、中国のチョウカイサンに、六寸二分のカレイ網でヒラメを捕りにいったことがある。新地の漁師七名で一カ月くらい試験的な操業をしてみた。又屋水産は、活魚ブームのときに、北海道から九州まで手広くヒラメを買い付けしていた業者で、新地の漁協で最大六億の年収があった時代に、多い年で六六億の年収を上げていたという。又屋水産では、逆に五島列島の漁師を新地に呼んできて、新地の漁師にトラフグの延縄漁を習わせたことがある。サンマを餌としたものであったが、長くは続かず、この漁は定着しなかったという。

ある浜や浦の漁業に変化をもたらすものとして、以上の例のような水産業者だけでなく、漁具屋なども影響力も大きい。次章では、新地の浜の漁業を、過去から現代まで概観しておきたい。

注1　ダチはヒロと同じ。水深を表わすときに用いる。

第四章　新地の沿岸漁業

第一節　新地の漁業小史

新地の水産物と流通小史

福島県相馬郡新地町は、福島県の沿岸（通称「浜通り」）の最北に位置しており、宮城県と接する、人口八一四三人（二〇一九年現在）の町である。浜通りに面した海浜集落として釣師浜と大戸浜が、北と南に濁川《にごりかわ》を境に位置していたが、釣師浜港として一つの港を用いていた。その釣師浜港は、東日本大震災前の平成二二（二〇一〇）年の「漁港港勢調査」によると、漁港背景集落（釣師浜・大戸浜）の人口が一三四六人で、漁業就業者が八九人いた。翌年の東日本大震災では、釣師浜（一五五戸）は壊滅し、大戸浜（一〇八戸）も丘陵にあった家々が四〇戸残っただけの状況であった。その後、大戸浜の神後北《じんごきた》に、釣師浜と大戸浜から三二戸の移転集落ができ、九戸が漁業に関わっている。釣師浜港を母港とする漁家が震災前の四二戸から、震災後は二三戸に半減したが、他の地区へ移転した漁家も含め、同じ港を用いて、網漁を中心に漁業を営んでいる。

藩政時代は旧仙台藩の宇多郡であった。明和九（一七七二）年の「封内風土記」の「宇多郡」には、「谷地小屋邑《むら》」の浜として「釣師浜」を挙げ、「此浜、王餘魚《かれい》を産す。世、名産と称える」

とある（注1）。大戸浜では、安永五（一七七六）年に「風土記御用書出」も提出されており、そこにも「産物二品」として「鰈《かれい》」と「鰹《かつお》」を挙げている（注2）。明治四五（一九一二）年の『郷土誌　新地村』の「漁業」においても、釣師浜と大戸浜を挙げ、「同浜ノ魚族ニ至リテハ時節ニヨリ異ナレリ今其最モナルモノヲ挙グレバひらめ、かれひ、鰹、たこ、しび、すゞき、さめ、あを、たら、かすべ、かながしら、等ナリ就中《なかんずく》かれひハ釣師かれひトイヒテ肉厚くク美味ニシテ其名高シ」と記されている（注3）。ここに挙げられた魚類のうち、「鰹」と「しび」などの回遊魚を除いて、すべて現在の固定式刺し網にもかかり、「さめ」以外は皆、水揚げされている。「あを」とは、イナダ（ブリの幼魚）のことと思われる。

これらの文献に、稿本の『宇田郡村誌』（一八八四、注4）と『福島県是資料』（一九一三、注5）を加えた五つの文献から、新地（釣師浜・大戸浜）の水揚げ魚種の変遷を示したのが次頁の表である。釣師浜と大戸浜では、江戸時代からカレイは「名産」であり、明治時代には「釣師かれひ」とも呼ばれていたことがわかるが、カツオの産地であったことも、うかがわれる。とくに、明治一七（一八八四）年には、釣師浜でカツオを年間に三千本を福島県の梁川《やながわ》地方へ売り、大戸浜ではカツオ千本を、伊具《いぐ》郡（宮城県）・伊達郡（梁川を含む）・信夫《しのぶ》郡（福島県）まで売っていたというから、他の魚と共に、内陸部と魚の売買を通しての交流が盛んであったようである。一方で、諸魚の単位が「駄」とはあるが、荷鞍による輸送から荷馬車へと移行する時代であったと思われる。

新地（釣師浜・大戸浜）の水揚げ魚種の変遷表

文献	年号	魚種
「封内風土記」	明和 9 (1772)年	(釣師浜・大戸浜)「此浜、主餘魚を産す。世、名産と称える」
「風土記御用書出」	安永 8 (1779)年	(大戸濱) 鰈、鰹
『宇田郡村誌』	明治17(1884)年	(大戸浜村) 鰹千本(伊具信夫伊達三郡地方へ販り)、章魚千五百盃(同上)、諸魚(鯛、板魚、鯖、鮫、鱈ノ類五拾五駄(同上) (谷地小屋村) 鰹三千本(伊達郡梁川地方へ販り)、蛸二千盃(同上)、諸魚(鰈、鯛、鯖、鮫ノ類三百駄(同上)
『郷土誌　新地村』	明治45(1912)年	「本村ハ釣師濱及大戸濱トイフ二濱アレドモ皆連り居りテ船出スルモ同所ヨリス故ニ同一ノ濱ト見テ可ナルベシ」 ひらめ、かれひ、鰹、たこ、しび、すゞき、さめ、あを、たら、かすべ、かながしら　「就中かれひハ釣師かれひトイヒテ肉厚ク美味ニシテ其名高シ　之等の魚類ハ東京山形米澤若松白河郡山福島等各地ニ運送セラル」
『福島県是資料』	大正 2 (1913)年	鰤・鰹・鯛・鰈・鮃

それが明治四五（一九一二）年には、諸魚が、東京・山形・米沢・会津若松・白河・郡山・福島など、首都や福島県・山形県内の内陸の都市まで運ばれるようになった。その理由を考えると、この六八年間に、明治二〇（一八八七）年には東北本線が仙台・塩釜地方まで開通し、明治三二（一八九九）年には現在の磐越西線に当たる鉄路が郡山から会津若松まで繋がり、さらに明治三四（一九〇一）年には奥羽本線の福島から山形まで繋がったことによって、鉄道輸送が可能になったことを示している。現在の常磐線に当たる新地駅は、明治三〇（一八九七）年に開設され、中村（相馬市）と岩沼（宮城県）間は約一時間一五分で結ばれている（注6）。おそらく、この岩沼駅から、前述した各都市へと結ぶ路線を通じて、魚が運送されたものと思われる。

釣師浜の集落は、漁村集落であるとともに、魚の加工場があり、商人が出入りする町場としての様相も呈したものと思われる。『郷土誌　新地村』（一九一二）にも、「鰹節製造所ハ只一戸アルノミ」とある。春雄さんが知っている時代でも、釣師浜には、魚屋・肉屋・豆腐屋・お菓子屋・アイスキャンディー屋・雑貨を売る商店が二店・電気屋・ガソリンスタンド・床屋二軒があった。以前には銭湯もあったという。ほかに魚の仲買店が三店、船大工、砂鉄工場があり、三名の町会議員もいた。大戸浜も三軒の商店に肉屋・床屋もあり、川で氷を製造していた氷屋もあった。

また、行商人として、さまざまな職種の者が往来したという。宮城県からは瓜売りが自転車で来た。富山の薬売りは一年間に二度、春先と収穫後の秋に「釣師館」に泊まって本拠にして、新地の町を回り、各家を五千円で薬を入れ替えていった。焼き芋屋は「佐久間館」に泊まっている。そのほかに、ホーキ売りやサオ竹売りもやってきたという。釣師浜は、夏季には仙台などから海水浴客が集まり、宿泊施設だけでも、「釣師館」・「太洋館」・「朝日館」・「晴見荘」・「海浜荘」などがあったという。

東日本大震災の後、釣師浜は壊滅的な被害を受け、居住禁止区域の更地になり、今は広い公園になったが、この集落での人々の生活の歴史を記録する価値がある。

和船時代の漁業

次の表は、江戸時代と明治・大正時代における船数と漁家数などである。『宇田郡村誌』（一八八四）の時代は、谷地小屋村（釣師浜）と大戸浜村（大戸浜）とは分かれて記載されているが、

新地（釣師浜・大戸浜）の船数と漁家数

文　献	年　号	船　　　数	漁家（漁師）数
「風土記御用書出」	安永８（1779）年	（大戸濱）小船３艘、さつは船４艘	
『宇田郡村誌』	明治17（1884）年	（大戸浜村）小舟１艘（長３間） 小舟13艘（長１間１尺～２間４尺５寸） （谷地小屋村）漁舟５艘（長３間～３間３尺５寸） 小舟15艘（長１間４尺～２間５尺５寸）	（大戸浜村）　漁猟32戸 （谷地小屋村）漁師64人 兼業漁師４人
『郷土誌　新地村』	明治45（1912）年	「本村ハ釣師濱及大戸濱トイフニ濱アレドモ皆連り居りテ船出スルモ同所ヨリス故ニ同一ノ濱ト見テ可ナルベシ」 32～33艘（毎日出漁スルモノ20～30艘）	専業　38戸 兼業　28戸　　計66戸
『福島県是資料』	大正２（1913）年	「鰤巻網」　10艘（船の長さ３間・乗組人員13人） 「鰹釣り」　８艘（船の長さ３間・乗組人員13人） 「鯛刺網」　10艘（船の長さ３間・乗組人員６人） 「鰈鮃刺網」　15艘（船の長さ３間・乗組人員６人）	

『郷土誌　新地村』（一九一二）に「本村ハ釣師濱及大戸濱トイフニ濱アレドモ皆連リ居リテ船出スルモ同所ヨリス故ニ同一ノ濱ト見テ可ナルベシ」とあるように、釣師浜と大戸浜とは濁川を挟んで連なった集落であり、月見橋を通して結ばれていた。共通の港は釣師浜港であり、かつては釣師浜という砂浜に船が置かれていた（本書では、釣師浜と大戸浜の漁業集落を「新地の浜」とも表記するが、「釣師浜港」を利用している両浜のことを指している。なお、地形や呼称としての表記は「ハマ」と使い分けする）。

江戸時代の船数は少ないが、明治一七（一八八四）年の漁舟五艘と小舟二九艘を合わせて三四艘と、四五（一九一二）年の三二艘には、漁家の戸数と共にあまり大きな変化はない。船の大きさも、明治一七年には、二分されて記載されているが、船の長さから検討すると、和船時代の最期である、ナガブネ（大）とイッカンマル（小）などに相当する。『郷土誌　新地村』（一九一二）に記載されている三二～三三艘の船の長さは、翌年の『福島県是資料』（一九一三）に記載されている四三艘の船に該当するものと思われ、長さは皆、三間のナガブネであり、多様な漁に使用されている。

釣師浜には、和船としてはイッカンマル（一丁櫓のテンマ船）とナガブネ（四丁櫓）だけでなく、ニカンマル（二丁櫓）やサンカンマル（三丁櫓）があった。ナガブネは刺し網漁に用いられた。『郷土誌　新地村』に「漁具」として挙げている「立テ網　流網　空針　巻網」のうち、「立テ網」とは刺し網のこと、「空針」とは餌を付けない空の針で行なう底延縄漁法のことである（注7）。

元大戸浜の寺島正志さん（昭和七年生まれ）は、和船の櫓こぎ時代から、漁業に携わっている。イッカンマル、ニカンマルの船に乗り、ナガブネでは冬季に六〜七人くらいで、カレイの刺し網に行った。カレイは以前、春から夏にかけては延縄でも捕っていた。寺島さんは、春雄さんの父親の文雄さんとも、三〜六月のあいだ、延縄漁をしている。多くはアイナメを捕るためであったが、ナメタガレイなども釣れた。朝早くに網でエビを捕ってから、それを餌にして延縄に出かけたという。

寺島さんはワタリガニやアカガニなどのカニ捕り専門の刺し網漁にも関わっている。四〜六月の仔をもった時期が高く売れ、仔を出したデコになったときは美味しくなくなるので止めた。その後はオトコガニが捕れるようになるが、メスのほうが高い。一〇月末に、脱皮した殻が固くなり始めると身も入ってくるという。

元大戸浜の早坂勝芳さん（昭和八年生まれ）も、和船時代の刺し網の経験をしている。一〇〇間の網に、ウルシの木のアバ（浮き）を八五枚付けたが、現在の一反（カレイ網だけは一三〇間）

鹿狼山頂の足尾神社に奉納された玉砂利（2020.12.10）

の網には、アバを一〇〇枚付ける。アバには、「アバ判」という家印を焼判で印を付けておいた。イヤ（錘《おもり》）は一反ごとに「手石」と呼ばれる手の平に入るくらいの石をハマから拾っておいて、これを付けた。手石は「玉砂利」ともいい、昔のハマには数多くあった。鹿狼山《かろうさん》の山頂（四三〇メートル）にある足尾神社に祈願のために持って行ったのは、このような玉砂利である。一〇〇間の網は、仕立てて海に入れると四〇間になった。

この時代の網は麻網で、水に入れるとボサボサになった。使用した網は、一反ごとに網ノシ（直し）をしてから、月見橋の欄干などに干しておき、家に持ち帰ってからも、軒先に吊るす玉ネギのように干しておいた。また、柿を買ってきて臼で柿をつぶし、四分桶に網と入れて、これを干して使った。この柿渋による網染めは、一週間から一〇日に一度の、女性の仕事だったという。小野家では、駒ヶ嶺（新地町）の知り合いから、渋柿一本分の柿を買ってきて、リヤカーで運び、臼で渋柿をつぶした後、主にアバやアバナ（アバ縄）、ナイト

（縄糸）などを染めたという。網はやがて麻網からナイロン網になり、今は全部テグス網になった。テグス網は腐らず、干さないほうがよく、濡れたほうがよいくらい水キレも優れている。

ボンデンは、旗の前は、杉の葉か竹の笹であったという。浮きに当たる桐の丸太にタテナワを付け、石の錘を下ろした。タテナワは、海の深さより長くした。

早坂さんのように、年間を通してオキへ行かずに、小型の和船で釣師浜の目の前の海で「商売」する人は多くいた。天候さえよければ、ナダに出て一日一万円くらいの収入、大漁すれば三万円にもなったというから、十分に暮らしていける、豊かな海であった。

新地の砂ワカメ

春雄さんが子どもの頃に釣師浜で干す手伝いをしたというワカメは、通称「新地の砂ワカメ」と呼ばれたものだった。父の文雄さんがイッカンコで中磯まで行き、ワカメを採ってきた。そのワカメの耳を取って砂に干す手伝いである。天日が強いと塩水をかけた。最後に、砂鉄の多かった浜では、その砂鉄を使って手でもみ、艶を出した。黒っぽいほうが見栄えが良いからである。南京袋で一貫目（約四キロ）が四千円で売れたという。

大戸浜の南に位置する中磯で平成元（一九八九）年まで砂ワカメを作っていた菅野幹雄さん（昭和二二年生まれ）によると、四～六月まで中磯の全戸が関わっており、当時はテンマ船という櫓こぎ船を、この年まで使っていたという。中磯は海が静かでワカメが見えやすく、一日中三人

ワカメの芯取りをする菅野キシヨさん（菅野幹雄氏所蔵）

で刈ると、一〇貫目にもなった。採ってきたワカメは、芯取りをして二つに割って裂き、一輪車でワカメを運び、すぐにも干し始めた。何度もそれを繰り返し、「干しかた終わった」と舟に合図を送ると、舟がまた運んできた。干場が無くなるまで刈ったという。

中磯も昔から砂鉄を採ったと言われるくらい黒くて粗い砂浜であり、その砂の上にワカメを干すと、小さくなって乾燥してしまい、そのときにワカメは砂をかんでしまう。そのままだと折れてしまうので、夕方に取り込むときに、バケツで水をかけるとシンナリとなる。ただし、雨に当たると赤くなるので禁物だった。運の悪い日には、干し終わった一〇～一一時くらいのときに、西の鹿狼山に入道雲が出て雷が鳴る。そのときは、自宅の敷地より一・五倍もある干場からワカメを急いで取り込み、間に合わなかったワカメは上から布をかぶせて足で踏み、雨水を吸収させた。雨降りのときなどは、納屋に取り込んだワカメの砂ほろき（落ろし）の作業をした。家中はその時期、砂だらけだったという（菅野いな子さん［昭和二四年生まれ］談）。

この乾燥ワカメは、一貫目（米袋一枚、約四キロ）が四千五〇〇円で売れたという。一日に一〇貫目を採ることもあった。

和船から機械船へ

和船のイッカンコは、イッカンマルとも呼ばれる。相馬市尾浜の志賀重寿棟梁（明治四三年生まれ）によると、相馬・新地地方の櫓こぎ時代の和船は、一人乗りのイッカンマルと三人乗りのナガブネとがあった。イッカンマルはシキ長一一尺・幅二尺三〜八寸・深さ一尺四〜五寸、ナガブネはシキ長一七尺・幅五尺・深さ一尺六寸であった。動力船の時代になると、二馬力半の電気チャッカによるチャッカ船と、五馬力のデリカ発動機によるデリカになり、和船時代のナガブネ以上の大きさになった。なお、志賀棟梁は、原釜の六八五馬力（三五トン）の底曳き船も造っている。底曳き船は、シキ長六〇尺・幅一〇尺・深さ四尺七〜八寸であった。新地の漁師さんたちは、今でも原釜の「底曳き」に対して、自分たちの船を「チャッカ」と呼んでいる。

原釜地方に初めて「チャッカ船」と呼ばれる小型の動力船（機械船）を導入したのは、相馬市尾浜北ノ入の阿部勝郎さん（明治四四年生まれ）であった。小名浜（いわき市）から磯船を買ってきて、櫓櫂《ろかい》の代わりに船大工にお願いして機械を設置してもらった。

阿部氏は若い時代を長く横須賀海兵隊ですごし、帰郷してから櫓を握ったときは、すでに漁になじまない体質になっていたために、両手の血豆に毎日苦しめられる日が続いたという。そのために、船に機械を入れることを考え、それまでは魚がいることはわかっていても行くことができなかった海域まで行って、小型の延縄で大漁をしてきたという。船に機械を入れた頃は、漁師の風上にもおけない奴だと陰口をたたかれたが、自然と皆が船に機械を入れ始めていったという。

阿部さんの漁業に対して無理をしないという考えかたは、積極的に半農半漁に力こぶを入れたことにも現れている。昭和八～九（一九三三～三四）年頃に、干拓地の田を一反三百円で買い、「漁業は第二の人生」として、「床の間に俵を重ねて海に出ていくこと」を理想としたという（注8）。「半農半漁」という生業の形態が、必ずしも自然環境から決定されたものではなく、選択された生業であったことに注意をうながされる事例である。

注1 田邉希文「封内風土記巻之九」（鈴木省三校正、明治二六［一八九三］年版）四三八頁
2 『宮城縣史28（資料編6）』（宮城縣、一九六一）三七八頁
3 『郷土誌　新地村』（一九一二、福島県立図書館所蔵）一〇四丁
4 大須賀次郎・川瀬教文編『宇多郡村誌』稿本（一八八四、福島県立図書館所蔵）
5 「福島県是資料」『福島県史』第18巻各論編4産業経済1（福島県、一九七〇）七三一頁
6 新地町史編纂委員会編『新地町史　歴史編』（新地町教育委員会、一九九九）六二四頁
7 原釜・尾浜・松川郷土史研究会編『ふるさとのあゆみ・漁業編』（相馬市東部公民館、一九九九）四二頁。瀬戸内海など「刺し網」のことを「立て網」と呼ぶ地域も多い。
8 一九八八年七月一〇日、福島県相馬市尾浜北ノ入の阿部勝郎さん（明治四四年生まれ）より聞書

第二節　固定式刺し網漁

網刺しに行く

新地の浜では、魚種によって不漁の年があるが、そのときには年間にわたって可能な漁に戻って、その漁期の生計を維持することができる。それが「網刺し」と呼ばれる固定式刺し網漁である。

「固定式刺し網漁業」は、福島県知事許可の漁法であり、双葉郡広野町といわき市の境界点から、東へ真っすぐに線を引き、その線より北側の共同漁業権の漁場で操業できる。漁期は毎年の九月一日から翌年の七月三一日までである。網の長さは最長三〇〇〇メートルと限定されるが、「相乗り等共同経営」の場合は四五〇〇メートルを上限とする。目合に関しては、カレイ・ヒラメ・カニ・スズキの刺し網の場合は三・八寸（一一・五センチ）以上、アカジガレイの刺し網では二・八寸（八・五センチ）以上、メバルの刺し網は二寸（六・一センチ）以上でなければならず、三枚網は禁止されている。

釣師浜で漁の手伝いをしながら、漁師さんの語る言葉で気になっていた一つが、その「網刺しに行く」という一言である。刺し網を海に入れに行くときに言われるが、通常の「刺し網」のイメージは、網目に魚の頭部を入り込ませることによって漁獲するわけだから、網目に刺さるのは魚であって、海に網を刺すわけではないと思っていたからである。

たしかに、新地の「固定刺し網漁」（固定式刺し網漁のこと）では、魚が網に「かかった」と言っても、シラウオの刺し網漁以外は「刺さった」とは言わない。網の目に引っかけて捕る流し網漁（広義の「刺し網」の一種）のスズキやサワラの場合でも、「刺さった」ではなく、「かかった」と言っている。元来はどのようなことから「刺し網」という言葉に収まったのかはわからないが、少なくとも当地で「網刺しに行く」や「網ぶち（打ち）に行く」という言葉が使われていることは大事である。新地では「釣師カレイ」を捕る「固定刺し網」（以下「刺し網」とも表記）は、近辺よりも早く開発されており、この漁法のメッカでもあったからである。

錘などによって網が移動しないように固定して行なう「固定刺し網」漁のイメージでは、海に網を刺してくるという言葉は、まんざら当たらないわけでもない。北海道の漁村でも、「網をサス」とは「投網すること」を言っている（注1）。網を上げることについては、「網を起こす」と呼び、「網を上げる」とか「上げ網」と語る場合は、厳密な意味では、刺し網を打ってはみたものの、時化《しけ》が来そうなときなどに、漁果を度外視して網を上げに行くときに使われる。

私のような「乗子」は、その日のうちに網を打って起こしてくる「待ち起こし」でないかぎり、「網刺し」の作業だけに船に乗せられることはないが、この夜明け前の刺し網漁に通っているうちに、いろいろなことが見えてきたこともたしかである。

網を結う

刺し網は当然のことながら、目合が小さければ一網打尽できるというものでもない。目が小さければ、大きな魚はバウンドしてしまって、網にかからない。ちょうど、魚のエラが引っかかるほどの加減、カレイでいえば頭が入るくらいが、目合に要求される。

カレイの刺し網の場合の一反の長さは一三〇間、ほかの魚種を捕る網は皆一〇〇間である。網の目合は、カレイの種類によって相違する。一番大きな目合の六寸目以上はカレイではなくヒラメ、マコガレイは小さな目合で三寸八分以上、アカジガレイ（マガレイ）はさらに小さく三寸六分か二寸八分の目合、相馬双葉漁協の取り決めで、刺し網の三寸六分以下の目合は禁止されている。小さな魚は捕らないようにしているからである。春雄さんは震災後、三寸八分・五寸三分・六寸・六寸三分・六寸五分の目合の網を持っている。網にかかった魚を見て、そのときの魚価と照らし合わせ、どの魚を主に捕るかによって、次の日の網の目合と反数を決めた。また、試みに一へイ（張り）の中に、いろいろな目の大きさの網を継ぎ足して用いる場合もある。

目合は以前、「大目」と「こま目」に大きく分かれていた。「大目」は、ツメ網（暮れの網）など正月用のカレイを捕るときに用いられ、四寸五分～五寸三分の目合であった（現在は七寸）。「こま目」は「抱き」（産卵期）の季節にアカジガレイなどを捕るときに用いられ、二寸八分～三寸八分の目合であった。

網屋から購入した一三〇間の網は、自宅で手結いをする。網の商品名の札には「本数・目合・

掛数・長さ」などが記されている。「本数」は太さで「号」がその単位、「目合」は網の目を両方から引いて閉じたときの長さで、ミリメートルと寸の単位を併用している。「掛数」は網丈（深さ）のことで、縦の目の数と同数で単位は「掛」である。「長さ」は横の長さのことで、一反の間数と反数、目の数が記され、それぞれ「間」・「反」・「目」の単位で表記されている。この網に、かつてのアバ（浮き）に相当するアバナ（アバ縄）と、イヤ（錘）に当たるナマリアシナ（鉛足縄）を結び付けていくのが、現在の「網結い」、あるいは「網仕立て」となっている。

アバナは現在、エアー（空気）を縄に通しているエアーロープになっており、ナマリアシナには一～二本の鉛の線が入っている。イヤ側だけはほかに、メドナ（目取り縄）で目を通して、これとアシナを結び付ける。網の既製品は網屋で作れても、自分なりの判断で目の大きさや数、網の長さや網丈を作らなければならず、これだけは人間の手でしかできない作業となっている。

以前のアバはウルシなどの木片を自分で加工して作ったが、春雄さんの母のハナイさんは、網を何度目かに使うときに、樽に水を張ってアバを入れ、浮いてこないものを取り替えた。その後は「切りアバ」と言って、アバナを通すプラスチック製になり、その形態から「鉛筆アバ」と呼ばれた。次には同じプラスチック製の「棒アバ」になり、昭和五五（一九八〇）年頃から、現在のようなエアーロープの、「エンアバ」と呼ばれる、いわゆるアバナシになった。このアバナシになる前に、「空気網」と呼ばれる、網ワタの上から五つ目くらいが空気で浮く網を一時用いたが、網が浮きすぎて、これは定着しなかった。アバナシになってから網自体が軽くなり、網五反をシートに包んで、そのまま船に乗せることができるようになったという。

具体的な「網結い」の作業では、アバナは八目を二尺ごとに結び付け、アシナは同じ八目に一尺七寸五分ごとに付けていくが、この寸法のことをアジャク（網尺）という。このアジャクの長

ときには私の家が網結いの場所になることがあった。
絶えず網尺の竹を用いて寸法を確かめる（2018.12.17）

さを一コイと数え、結び付けることをユッキリと呼ぶ。また、アバナやアシナを結ぶ糸のことをユッキリ糸と呼び、アバに用いる糸は細く、イヤの場合は太い。アジャクの寸法の目安としては、二尺（アバ側）と一尺七寸五分（アシ側）に切った竹を二本、網結いのときにそばに置き、目を数えた後に物差しのように用いて、アバナやアシナを結び付けていく。たとえば、改良網の場合、アバは八目に一尺九寸ごとにアバを通し、アシは八目に一尺七寸ごとに結んでいく。つまり一反網には一一コイ、一二〜一三個のアバの数になる。春雄さんは、以上の数字をメモした紙をそばに置きながら網結いをしている。目と目のあいだを詰めることを「イセル」と呼び、カレイなどを網にくる

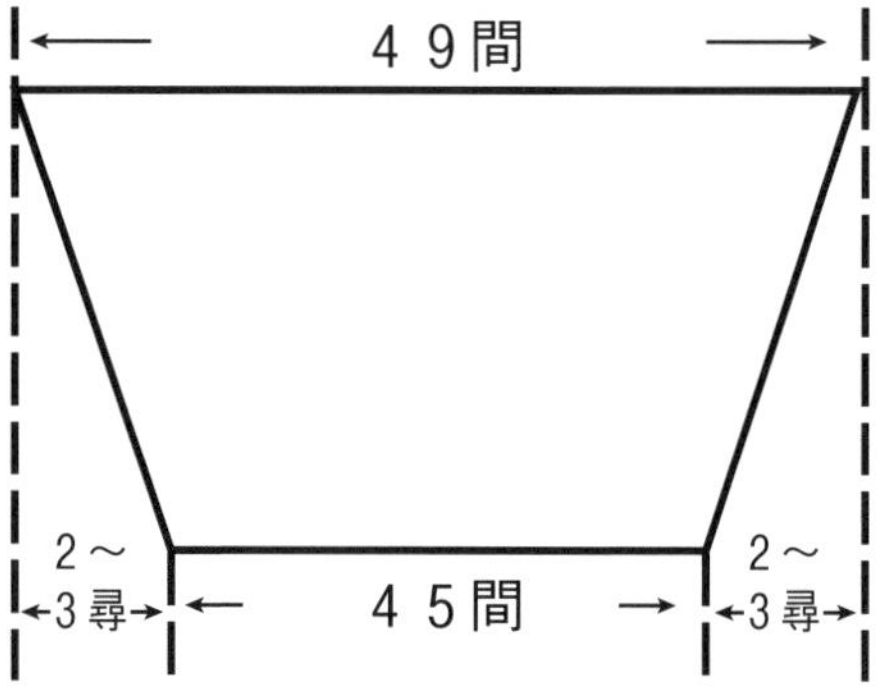

固定式刺し網の１反の間数

ませて捕ることになる。

最近では、この網結いの作業まで網屋に頼むことが多く、一コイの中の目を少なくしてほしいときは「少しハタ目で結ってくれ」と頼み、目数を多くしたいときには「少しメゴ目で結ってくれ」と依頼する。ハタ目はハダケル（拡げる）という言葉に通じるもので、目を張ることで魚のエラを引っかけて捕る流し網などに好まれる。一方で、メゴ目になると網がたるむことで魚をからませて捕る漁法として刺し網漁の王道であるが、シタモノもまた多くかかる。網屋に一切を依頼するとメゴ目になりがちなのは、網屋で一コイの中の目数が多いほうが、仕事が早く終えられるからである。

以前から、カレイ網の一反だけは通常の長さの一〇〇間ではなく、一三〇間に決まっているが、仕立て上げると、アバ側は四九間、アシ側は四五間の長さになる。セバする（仕立てる）と、長さが三割五分から三割八分縮まり、一〇〇間の流し網では五割に縮まるといわれる。つまり、カレイ網は横から見ると台形を逆さにした扇形になり、このような形のほうが、カレイをくるみとることができやすいという。また、通常、「網の長さ」という場合、イヤの長さのほうを指している。そのアバナとアシナの差のことを「肩」と呼び、通常は二〜三ヒロ（尋）くらいで、「肩が何ヒロ（丈）出た」というような言い方をする。この「肩」は、魚をくるめるためにも重要で、「肩を出す」と、日起こし（網を一晩で起こすこと）の場合は魚のかかりが悪く、ヨゴメ（網を何日か過ぎてから起こすこと）の場合は魚がかかるという。

さらに、漁師によっては、網丈が四ヒロの、長い「改良網」一反のうちの一〇〜二〇カ所に、網丈を五割詰めた二ヒロに直すことがある。こうすると、大きい魚も小さい魚も網にかかるという。

結ったばかりの網は、すぐ使えるように「のして」おき、この作業のことを「網ノシ」と呼んで、網のさばきをよくしておく。網の長さは、海中に打つと、シオとの関わりで伸び縮みがある。シオと同じ方向に打つと〇・一〜〇・二割伸び、サカシオ（逆潮）の場合は、〇・三割縮まる。網丈の長さも、海底でそのまま立つわけではなく、横になるために三割くらいしか立たない。しかし、そうであるからこそ、海底のさまざまな生物が捕れるのである。

カレイ網は、毎日使っていれば、一カ月くらいしか耐えられない。魚がかからなくなるばかりでなく、かかってもホロク（放り落とす）ことがある。一般的に、古い網はかからず、弾力性がなくなり、リ（艶）を失ってガサガサになる。防止策として、綿糸網の時代は太陽に当てて干したが、逆にテグス網は、太陽に当てるとカサカサになるので、常にシートをかぶせている。

刺し網漁が大漁になる条件としては、もちろん魚がいるところに網を入れることが大事であるが、それと多くの網数（反数）と、できるだけアラモノ（新しい網）であることである。以前は、一反におよそ魚が千円（水揚げ高）分かかるという勘定ではからいをしたというが、一反に三千円がかかれば大漁のうちだという。

令和元（二〇一九）年八月一日に観音丸が刺し網で大漁したときは、春雄さんは船上で「六寸五分」と「ゼマワシ」という言葉を連発していた。目の大きい六寸五分でヒラメなどが大漁したこと、それが仕立て下ろしの新しい網であったこと、魚が餌を求めて動く状態を指す「ゼマワシ」（餌回し）であったこと、今まで網を入れていないアラッパキの漁場であったことなどが、相乗して大漁につながったのである。

漁場と漁期

刺し網漁の漁場においても、以前は「山シメ」（一一六頁参照）の技法を用いている。たとえば、「三辺等マゴ抱く」とは、「三辺等」と呼ばれる山へ向かってマコガレイが寄り、そこで産卵することを言う。つまり、刺し網の船も三辺等に向けて合わせると漁に当たるわけである。相馬原釜漁業協同組合発行の『「山」の名称と危険海域について』（一九八一）によると、「三辺等」には「北三辺等」と「南の三辺等」があるが（注2）、海上からいずれの「三辺等」に向けても、その下に根があるという。

「抱く」とは産卵期のことで、一匹のメスに対して、それよりも体長が三分の一くらいの小さなオスが三〇〜五〇匹も集まり、放精することを指している。仔を持つとカレイがかかるといわれ、このような「抱きカレイ」は好漁をもたらす。産卵期には、魚が密集するからである。

マコガレイやイシガレイは、アカジカレイ（マガレイ）がどの砂地でも産むことと相違して、一〇月末からマゴジタ（マゴソコ）やイシガレイシタ（イシガレイソコ）と呼ばれる一定の根の近くの砂地で「抱く」（産卵する）習性があるという。とくにマコガレイは、「冬至十日前に抱く」と呼ばれ、この時期に三辺等の山へ向かって集まる。三寸八分の目の網に一度に二〇〇〜三〇〇匹のマコガレイがかかったこともあったという。「抱く」ときはオスのカレイがいっぱい捕れた。イシガレイは大晦日になると産卵を終え、ガッパ（仔を産んだ魚）になるという。アカガレイは一〜三月が産卵期、ムシガレイは一二〜三月までが産卵期、いずれも産卵すると、釣師前の海からいなくなる。どんな魚もカニも、産卵のために岸に寄り、産卵を終えるとオキに移動するという。釣師浜では「一二月にユズの実が多く成ると、カレイが大漁である」という自然暦も伝えられている。

ヒラメの場合は、仔を持つのが五〜六月で、「麦の穂が色づくとヒラメが捕れる時期だ」という自然暦がある。旧暦五〜六月頃に麦の穂が黄色く色づくと、夏に産卵するヒラメが「抱きにくる」ので、よく捕れるようになるという。

カレイの漁場はオカ（陸）に近い、「ナミノセ」とも呼ばれるナダで捕る。新地町から北の宮城県南の沿岸部は、新地のナダに当たるような海底の砂地（スナジタ）がなく、ノロッパ（泥が多いところ、ノロジタ）なので、カレイ類は捕れても、味が違うと言われる。阿武隈川の河口付近に位置する宮城県南の浜は、泥質堆積物が広がっているためである（注3）。

刺し網漁の漁期に関しては、九～一一月頃が一時、漁が少なくなるものの、年中可能な漁である。

操業方法

刺し網は、一人乗りの船で一〇反の網をナダとオキのあいだに東西の方向に打って、起こすが、これをサガブチと呼んでいる。網の入れ始めと終わりに、網を固定するためのズブ石だけでなく、海上から見える目印としてのボンデンを入れ、五反ごとに錘の代わりに鉄のリングを入れる。以前は錨を用いていたが、網自体に引っかかる確率が高く、コウナゴ漁の手網に用いたイヤを丸めて作り直したズブ石と呼ばれるものを用いている。ボンデンとズブ石を結ぶタテナ（縦縄）は、ダチ数（水深の単位、一ダチ＝一ヒロ）に五～六ヒロ加えたものを用いる。オキには二～三枚旗のボンデンを用い、ナダには一枚旗のボンデン用い、オキからナダへ打つ場合もあるし、ナダからオキへ打つ場合もある。それは、あくまで潮との関係であり、サカサシオ（逆潮）の場合、網が八割しか延びない場合があるので、オキへ流れるオキシオのときはナダからオキへ、オキからナダへ流れるナダシオのときは、オキからナダへと網を打つ。通常でも網は海底に入れると、九割しか延びない。以前のように何十反の網を打ち、真直ぐではなく丸く円を描くように打っていたときには、網と網とを繋ぐロープが解けることを怖れて、中途にナカウケと呼ばれるボンデンを立てる場合もあった。網を海中に落とすと、ウジという漁具（二三九頁参照）を用いて上げなければならないので、現在では「オサマかく」と呼んで、網が解けないように二重結びにするという。

2ヘイ目のボンデンを上げるところ。側では網をドラムカンに載せてシタモノをはずしている（2019.5.9）

　サガブチは主たる網の入れ方であるが、オカと並行に南北に網を入れる方法のことをヨコブチと呼んでいる。ナダやナミノセでは、この方法を採ることもあるが、魚のかかりが良いかわりに、シタモノもよくかかる。オキでのヨコブチは、ブッコシといって他船の網の上に打つことがあり、網がねっぱる（くっつく）ので迷惑をかけ、昨今は「サガブチ」中心である（以前の鹿島［南相馬市］では、ナダもオキもヨコブチをしていたという）。五～一〇分かけて打ち終わった後、ボンデンを入れて目印とする。網起こしに要する時間は、打つときの五倍くらいはかかるという（たとえば一〇分で打って、五〇分で起こす）。

刺し網漁では、昔も今も、一ヘイ（張り）一〇反と決められている。以前に主流であった昼間の操業時に、網の打ち始めのボンデンと打ち終わりのボンデンが肉眼で見える範囲であるという。魚探のない時代に、刺し網の船や曳きもの（船曳き網）の船同士が網を絡ませてしまうような競合を避けるためであった。

刺し網は、その漁に出る日数によって、「待ち起こし」と「日起こし」（日ガケ、ヒトバン）と「ナガヨゴメ（ヨゴメ）」（タメガケ）という区別があった。「待ち起こし」とは午前の暗いうちに網を入れて、そのまま海にいて、明るくなってから網を上げること。「日起こし」とは午前三時頃に網を入れ、翌日の同時間までに網を起こしに行くことをいう。「ヨゴメ」は、短くて二晩、長いときで一週間その場に置いておくことをいう。それが「試験操業」になってからは、一律に「日起こし」に限られた。本来なら、魚の新鮮さに賭けるなら「待ち起こし」や「日起こし」、魚の数量を期待するなら「ヨゴメ」と、それぞれの差配ができたものであったが、その選択自体が不可能になったのである。

「試験操業」になってからの変化は、ほかにもある。震災前には一人乗りの船が三六反、二人乗りは五〇反、三人乗りは六〇反と決められていたが、震災後は一人乗り一〇反、二人乗り以上は二〇反と、反数がより少ない制限を受けている。一人乗りの場合は魚やシタモノはオカではずし、船上でははずさない。現在、二人乗り以上の船では、午前二時過ぎくらいに出港、三時前には海で待機をして、三時からの操業を目指して、船が一斉にスタートする。午前五時頃には帰港して、船上ではずせなかったシタモノを取るが、このことを「網コセエ（拵え）」と呼ぶ。つまり船上の「シタモノはずし」と同じ作業が、オカに着くと、船上であろうと岸壁上であろうと「網コセエ」と呼ばれることになるわけである。

1人で作業をする網の「口開け」（左）と2人でシートの上に下ろす「網コセエ」の作業（2020.9.23）

船上で網コセエが終わった網は、一反ずつオカに放られ、「口開《あ》け」と「網ノシ（直し）」にとりかかる。「口開け」とは、アバとイヤを離すために網の口を開け、魚がかかった痕跡のあるマキ（巻き、コゴミ）をほどく作業のことである。とくに、「サバマキ」と呼んで、サバは尻尾を網に巻くので、よくマキができた。竹竿に網を一反ずつかけ、一人でもできる。「網ノシ」は、使用した網を、使える直前になるまでさばく作業である。口が開いた網を、さらに台に受け渡した竹竿を用いて、二人一組がアバ側とイヤ側とに分かれてシートの上に網をとる作業のことである。その後、「網をまるく」とか「網マルキ」と言われて、シートに五反を包み、シートのまま船に乗せ、次の漁に備えておく。これを一マルキと呼ぶが、以前は網自体が軽く、海中でアシナが縺れることがあったが、一マルキが一〇反でも、一人で船へ運ぶことができた。シートには黄色・黒・水色・白・緑などがあり、その色によって網の目の大きさを区別している。

震災前も今も、一操業日に二ヘイ打つことができるので、その日の海の様子をみて、リスクを集中しないように、ナダとオキに二カ所打つことも多い。一人三六反を打つことができた、震災前の刺し網では、「鼻ツギ」と呼んで、一ヘイを入れた後、さらにまた、その線上に一ヘイ入れることがあった。そのときは、一ヘイ目の最後のボンデンと二ヘイ目の最初のボンデンのあいだに、五反入るくらいの距離を開けて、他船に入られないようにした。漁がないときとか、漁場を決めかねているときにも、「ドウケツ、オキかナダに打て」と言われて、最初に打った網の前後どちらかに一ヘイを打つこともあったという。

昔の刺し網は、昼中心の操業であったが、ボンデンにテッカリ（電灯）を付けることが可能になって、夜間から明け方の操業になった。以前は、夜の一〇時から朝の四時までの操業であったが、新地の浜では、若者の嫁不足になるということから、午前一時の出港時間となった。北隣りの宮城県の山元町磯では、今でも夜の一〇時からの操業となっている。

時化網

新地の浜では、海が凪いでいるときは「ナゴシいい」と語り、荒れているときは「海が悪い」

という語りかたをしている。船同士の無線で、「カモメ飛んでっか?」と言えば、「白波が立っているか」という意味で、海の様子を尋ねている。

低気圧の渦中のときを「時化《しけ》網」ともいい、あまりに強くなりそうな場合は、先に網を上げてくる場合もある（「上げ網」）。時化でシタモノがかかり、あまりに多いと、一反の網を一人でたんがく（担ぐ）ことができないときもある。使い古した悪い網ならば、思いあまって、そのまま海に捨ててくることもあり、これを「落ち網」と呼んだ。時化のときは、網自体もシオで縄のようになり、とくに底ジオが強いときは、魚がかからない。かかった魚も、がおって（衰弱して）売り物にならないという。魚の表面のヌタがなくなり、色が青くなっているので、これを「青タンになっている」と語った。この時化で縄になった網の、ヨリ（縒り）を戻すための「ヨリ取り機械」（一三九頁参照）というものが、どこの家でも二〜三台はあったという。

以前は、「時化網」のときこそ率先して海へ行く漁師もいた。他の船が出ないので、魚が高く売れるからである。しかし、現在の「試験操業」という共同漁業では、なおさら天気予報をみて操業日を決めるために、「時化網」もなく、ヨリ取り機械も使うことがなくなった。

乗子制度—船や網がなくても漁師になれる

震災後の刺し網漁において、大きな変化を生じたことは、ほかにもある。震災前には、わずかではあったが、乗子が燃料費を払って船主の船に乗って、自分の網もつないで入れてもらい、かかった魚だけをいただく慣習があったが、これも一切なくなった。これらは、「試験操業」によって、漁師の自由な裁量が限られてきた典型例である。これを「相乗り」とか「乗子制度」と言われるが、乗子が持って乗る網の目合は四寸六分から五寸目のあいだで自由であった。

「乗子制度」が盛んな時代には、五～六人が船に乗り、刺し網で捕ったカレイをそれぞれ一斗缶に切って入れ、浜に着くまで煮てくると、旨い味が出たものだという。子どもたちの船迎えは、そのカレイを食べたくて浜に集まったという（鈴木文子さん［昭和二四年生まれ］談）。

たとえば、船主が三〇反の網を持って刺し網に行く場合、乗子もそれぞれ一〇反くらいの網を持って乗船し、それが二～五人くらいになることがあった。その自分の刺し網にのみかかった魚は乗子のものになるが、アブラ銭（燃料費）は船主に払う。刺し網にかかった魚の量によっては、乗子のほうが船主の水揚げ金額より上まわることもあった。それぞれの網は赤・紫・水色などの色で区別し、その全体の刺し網の位置も、毎日ごとに交替して貼り替えた。船上での操業に関しても、網起こしは共同作業でも、自分の網からはずした魚のシッポ（尾鰭）や鰓《えら》に目印を付けて、船主と同じ生簀《いけす》の中で活かすようにしていたという。この「乗子制度」は、船上の機器の発達により共同作業が不要となり、「親子船」に切り替えられたために、震災前には一～二艘ほどが関わっていただけで、いくらもない状況であった。

大戸浜にいた寺島正志さん（昭和七年生まれ）によると、櫓漕ぎの時代は、刺し網のつなぐ順番は、船上の役割によって決められていたという。①船頭（漁労長・船長）→②ワキロシ→③マエロシ↓④トモシ↓⑤シチョウメ↓⑥ニノゲイ↓⑦サンノゲイの順で、六〜七人が普通であった。ワキロシはご飯を炊く役、マエロシは水担当、トモシは舵とり、シチョウメは船頭の代理役、ニノゲイ（二の櫂）は帆柱の手入れをする役、それぞれ網を五反ずつ持って乗船したが、一番最後に網を入れるサンノゲイ（三の櫂）は船主に該当するので一〇反を入れることができるという。また、船頭も最初に二反ずつ入れることができ、後は櫓の役持ちの乗子が一反ずつ繰り返していったといい、船主や船頭を除いて、それぞれ五反ずつ持ち寄って乗船したという。

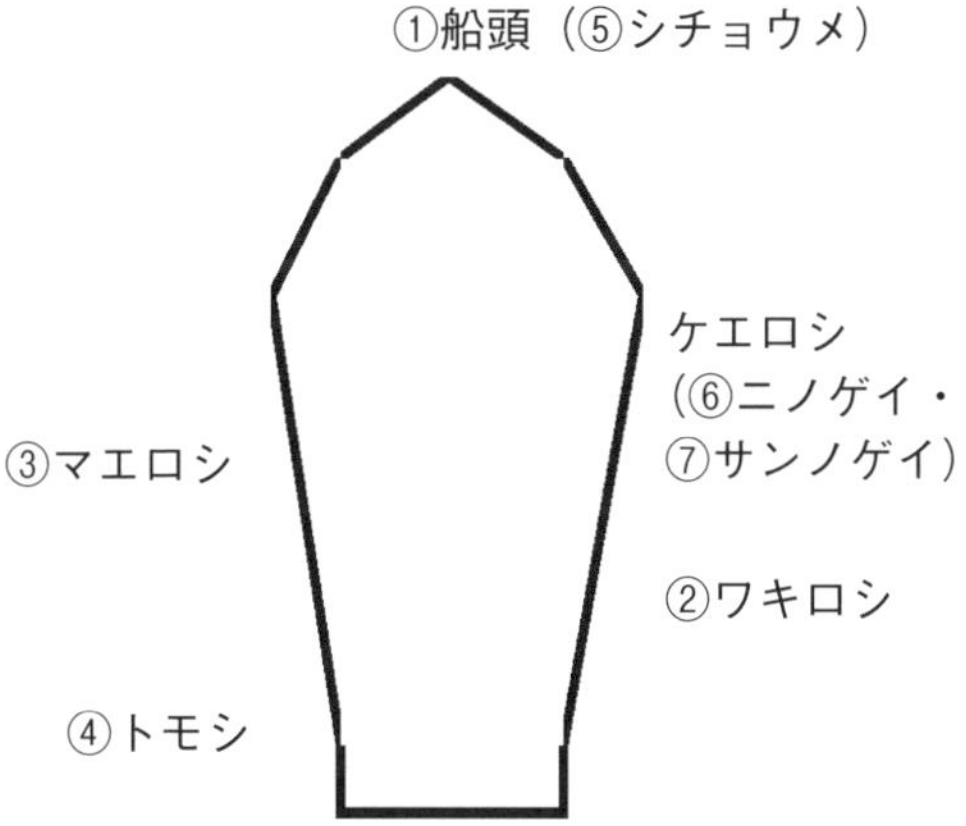

和船時代の櫓割り図

一反の長さは、カレイ網の場合だけは一三〇間であり、仕立てると四五間になるといっても、膨大な長さである（網の長さを伝える場合、通常はイヤのほうを用いる。アバ側は四九間）。ほかの網では一〇〇間なのに、カレイ網だけが一三〇間であるのは、この乗子制度のもと、乗子の網を少しでも長くするために生じたとも考えられている。漁場の選定は船頭がするので、当然ながらカレイのいる場所を知っている船頭は、自分の網に有利なところに打つ。そのために、寺島さんは先輩の漁師たちから「魚捕るなら船頭だぞ！」と教えられたという。

網をつないだり、打ったり、起こしたりの作業は共同であったが、自分の網にかかった魚をオカではずすのは各自であり、ヒラメ以外は網を全部上げた後にはずした。また、船に便乗するだけでなく、網を船主から借りて、かかった魚の半分を返す乗子もいた。これをカタハリと呼び、つまり、船も網もなくても漁師になれたのである。これが漁師になる始まりであったという。

早坂勝芳さんからは、紐を用いた昔のくじを再現してもらった（2018.6.30）

昭和三七～三八（一九六二～六三）年以降、漁船が機械化され、網がそれぞれ七反を持って乗るようになってからは、刺し網の位置の順番は櫓割りではなく、くじ引きになった。大戸浜の漁師であった早坂勝芳さん（昭和八年生まれ）からは、紐を用いた昔のくじを再現してもらった。

シラウオ漁の季節

釣師浜漁港では、二月から四月までの三カ月間、シラウオ漁で賑わう。二月に入ると、もうシラウオの刺し網漁の準備が始まった。平成三一（二〇一九）年の二月、春雄さんと観音丸で、その網の準備をしているときに、共栄丸の寺島吉美さん（昭和二三年生まれ）がやってきた。原釜の魚市場で、よく私に声をかけてくれる元船主会長の漁師さんである。

シラウオ漁の漁場は、ナダだけという狭いエリアなので、船と船とが接近している。現在は、管理されている試験操業中なので、一二隻の船が六隻ずつ二班に分かれて操業することになっている。春雄さんと吉美さんとの会話では、操業の初日には、どの船かは当たるだろうと語り合っていた。

まるで当たりくじのようであるが、実際にそのようなものであるという。どの船かがシラウオの漁をすれば、そのナダには居ることになり、次には自分の船が当たるかもしれないので、それだけでも朗報なのである。

ところが、この年のシラウオは漁期当初、なかなか当たりが悪かった。三月二六日、吉美さんがサンプル調査で出たときに、初めて大漁になった。「今度は、観音丸が大漁になるぞ」と、私の耳元で吉美さんが語ってくれた。

ユイコ仲間でシラウオを網からはずす叩きかたをしているときに、春雄さんの叔父さんである万吉さんが叩き棒を振り落としながら、「人間のほうが気をもんでいるだけで、シラウオは笑っ

ユイコ仲間で、網からシラウオを叩き落とす作業（2019.3.26）

てらぁ」と、大漁の喜びを冗談でとばしていた。

　私が新地で初めて漁船に乗ったのは、鈴木観音丸（春雄さんの義兄の船）のシラウオ漁であった。シラウオも「月まわりが良い」と漁に当たると言われる。つまり、漁のあいだに空に月がかかっていれば、それなりの漁ができるという意味であり、その日の朝にも、琥珀色の月が早朝の青空にかかっていた。夜明けに西の空に沈もうとする月でも、漁をすることがあるという。

　岸に近づくと、春雄さんのお姉さんなど、親戚の人たちが待っていた。着岸したときに集まっていた皆から「船酔いはしなかったか？」と次々に声をかけられた。当初は、私を心配して集まってきてくれたのかと感激したが、すぐにも勘違いであることがわかった。シラウオを網から叩き落とす作業など、オカマワリのユイコの仕事のために皆が集まっていたのであった。漁業は魚を揚げてからが、ひと仕事なのである。

シラウオの刺し網漁

シラウオとはシラウオ科の魚。ハゼ科のシロウオとは別種である。シラウオは「年魚」であり、生まれて一年以内に死ぬ魚である。そのために、漁に関しては、一年ごとに当たりはずれがある。シーボルトは文政九（一八二六）年三月三一日（旧暦二月二三日）に、豊橋の吉田から新居への途中、シラウオが集まって波から飛び上がるのを目撃している（注4）。以前は釣師の砂浜にも、コウナゴと同様に大きな魚に「せられた」（追い込まれた）シラウオも寄り上がっていたそうであるが、シラウオ用の二艘曳き漁や刺し網などの漁法や販売ルートを開発したのは、それほど古いことではない。シラウオが産卵のためにナダのナミノッパのヨドミ（濁り水）のところに入ってくる理由は、海がきれいだと、大きな魚に狙われるからだという。

一時は、昨今のように量が捕れなかったので「海のダイヤモンド」とも呼ばれ、一キロ一万円以上の高値で売買され、小さな魚の数さえかぞえたことがあったという。昔は、桜の花見のときに高く売れたこともあった。震災前でも一キロ三～五千円平均で高く売れたために、シラウオを家庭で食べることなど少なく、形の崩れたボッコレだけを集めて食べたという。昔は、そのシラウオの煮汁をもらいに、一升瓶を持って加工場へ行き、それを家庭のダシ汁に使ったものであった。

刺し網漁の盛んな新地では、シラウオも刺し網で捕ることのほうが多いが、宮城県の七ヶ浜から導入されてきた漁法らしい（注5）。何艘かは今でも、コウナゴ漁と同じ二艘曳きや、カケマワリという一艘曳きの漁法で捕っている。試験操業になる以前は、「ブチ返し」と言って、かからないときに打ち直しをしていたが、これは禁止された。

シラウオは漁場が狭く、競合するので、令和二（二〇二〇）年もA班六艘とB班七艘とに分かれ、出漁日を交替して操業している。この方法も、震災後の「試験操業」という管理漁業になってからの仕組みである。互いに網を傷めないための方法であり、決められた順番に船が並び、それを操業日ごとにずらしていくことも何度か試みた。

シラウオ漁は当たりはずれがあり、不思議と一漁期中に、全船が一度は大漁に当たるようである。シラウオを水揚げする釣師浜の漁港では、今日はどこの船が大漁をしたということが、すぐにも広まる。この季節にハマを賑やかにしている要因である。

この刺し網の網の目合は三六節、一反は船によって違うが（観音丸は二五間）、それを八反につなぎ、これをヒトヘイ（一張）とかぞえる。海上の目印にするボンデンと網とを結ぶタテナ（立て縄）は一〇ヒロ、網から錨までのヘイナも同じ一〇ヒロくらいである。夜が明ける一時間前に網をフタヘイ（二張）、別々の場所に打つ。それを夜が明ける頃に、入れたボンデンを探してから網を起こし始めるのである。シラウオはまた、昔から風上へ向かって動くといわれた。西風が吹けばナダで捕れ、南風が吹けばミナミ（相馬の鵜の尾岬から南の海域）で捕れたという。

網起こしをしているときに風が吹いて網が膨らむと、刺さっているシラウオが、ガラス片のように、朝陽にキラキラと輝くことがある。まるで小さなツララでもぶら下がっているようで、春雄さんはこのような大漁の様子を「ムシロのようだ」と表現していた。一反に一〇〇～二〇〇キロかかってくるときに、そう語られる。おこぼれに、あずかろうとするカモメやウミネコも、網を上げている左舷めがけて集まってくる。海面にこぼれた半透明の小さなシラウオを、海上を飛びながら狙い、見つけては海面に下りて食べるわけだから感服せざるをえない。

シラウオの大漁で網がムシロのようになる（2020.3.16）

シラウオの選別

シロウオが刺さった網をオカに上げてからは、ユイ仲間の皆で網を広げて、竹の棒でシラウオを傷つけないように、はたき下ろし、その後に集めたシラウオにも選別の作業がある。シラウオを水揚げしたところに、急ごしらえのベニヤ板を用いたテーブルと、木のイスを四方に並べ、捕ったばかりのシラウオが撒かれたテーブルを囲んで、指先や割箸で選別する。この作業のときにも、ユイコは欠かせない。

大漁をするときはオスが多いといわれるが、シラウオの漁期の二～四月は、シラウオが産卵のために

シラウオの選別作業などはユイコで行なわれる。後ろでは網からシラウオを振り落としている（2020.3.4）

浜に寄るときである。オスの場合は、選別する指に引っ付くのでわかりやすい。市場に出すシラウオと選別する主なものは、魚の形をなしていないボッコレと呼ばれるものと、シラウオの背中から抱いて食べているカブムシである。カブムシは、シラウオをポリタルで洗うときに、真水を入れるとシラウオから離れる。シラウオが大漁のときは、逆にカブムシなどのゴミが見られない。

　ほかに、ダラスケ（オキアミ）、それから、めったに見られないが、汽水域に生息するカワシラウオも選別する。ペラ（ノレソレ）と呼ばれるアナゴの幼魚も分けるが、これは四国ではアユ釣りのエサにするという代物《しろもの》である（注6）。四月になると、仔を産んで中が水になったシラウオも混じってきて、これをミズコと呼んでいる（鈴木文子さん［昭和二四年生まれ］談）。また、網を起こしているときにも、シラウオが産卵する砂地にいるアカガニがからまって現れるときもある。

以上のような話は、シラウオの選別作業のときに耳にして、心にメモをしていた事柄である。

シラウオを網から叩き落すときも、この選別作業も、セリの時間までに一気に成し遂げなければならない作業のために、その船以外の家族の者たちも手伝いにくるユイコが必要なのである。とくに「試験操業」では、A班とB班の二班に分かれているために、その日に出漁しなかった船の者たちが、関係者の船の手伝いにハマに集まってきている。オカの作業のことを考えると、多人数の人手が必要なのが、「刺し網」という漁法一般の特徴であり、この漁法によってユイコが生まれ、あるいは逆に、このユイコが支えてきた漁であるとも言えるだろう。

注1　桜井敬一『漁村民俗風土記』（北海道漁村民俗研究会、一九七八）三六頁
2　相馬原釜漁業協同組合広報委員会編『「山」の名称と危険海域について』（相馬原釜漁業協同組合、一九八一）頁数なし
3　後藤明「仙台湾・三陸周辺の漁撈民俗」『海と列島文化　第7巻黒潮の道』（小学館、一九九一）六〇六頁
4　斎藤信編、シーボルト『江戸参府紀行』（平凡社、一九六七）一七三頁
5　原釜・尾浜・松川郷土史研究会編『ふるさとのあゆみ・漁業編』（一九九九、相馬市東部公民館）一〇六頁
6　夢枕獏「秘伝の巻物のこと」井伏鱒二『釣師・釣場』「解説」（講談社文芸文庫、二〇一三）二〇八頁

第三節　船曳き網漁

シラウオの二艘曳き漁

通称の「船曳き網」は、「機船船曳き網漁業」と呼ばれる、福島県知事許可の漁法であり、シラウオ・コウナゴ（メロウド）・シラスなどが対象魚となる。相馬双葉漁協では、福島県いわき市の久之浜《ひさのはま》町と同市四倉《よつくら》町の境界点から真っすぐ東に線を引いた以北が、その漁場としており、周年操業も可能である。

第二節の最後に触れた、新地のシラウオ漁は、福島の浜通りでは開発が早かったようで、福浦村（南相馬市）のシラウオ漁の聞き書き資料には、「シラウオ漁は昭和三五（一九六〇）年頃から平成初め頃まで行なっていた。新地・松川（相馬市）はシラウオ漁の技術が進んでいたので、新地の荒さんから漁を教わった」とある（注1）。ただし、当初の漁法は「刺し網」ではなく、二艘曳きの、新地で「曳きもの」と呼ばれる漁法であった。春雄さんの叔父のゾウ（恒三）オンツァンは、シラウオの二艘曳きの網の仕立てに、福浦などの浜通りをあるいた人で、小名浜まで行ったという。この「旅ばたらき」で、酒を覚えてしまったと言われ、母方の家の兄弟は、ほかはいずれも下戸であったのに、早くに亡くなった。おそらく「新地の荒さん」とは、仲買い（屋号マルモ）で、シラウオ買いに行っていた人かもしれないと、春雄さんは語っている。

シラウオの二艘曳き漁は、一〇月から冬にかけての、こまかなシラウオを捕る漁であった。翌春に、産卵のために岸に寄る、少し大きくなったシラウオを捕る「刺し網」とは、漁法上からも区別される。朝と夕方に網に入るので二回の操業であり、漁場も「刺し網」と同様に、ユブと呼ばれる岸の近いところであった。透き通る海水では入らず、海が多少荒れているときのヨドミ（泥水）のほうが入った。春雄さんも学校を辞めた頃の一〜二年くらい、トシ（利雄）オンツァンと、この漁に出ている。ユブはナミノセとナミノセのあいだの、底が見えるくらいの浅いところであり、そこを曳っぱったので、操業中はペラ（スクリュー）もヤロウカジも船上に上げておいた。一〇月は波が折ることは少ないが、それでも船のオモテで「ボーズ流し」というシラウオの選別をしていたので、大波（タイナミ）をかぶって、全身がびしょ濡れになったという。

ボーズとは頭の大きくなったシラスのことであり、シラウオとボーズは一〇月になる頃に、同じ大きさになる。一〇月からのシラウオ漁のときは、当時は売れなかったボーズと呼ばれるシラスが混じったのである。そのときによって、①シラウオばかりが捕れる場合、②ボーズだけが捕れる場合、③シラウオとボーズが混じる場合とがある。混じったまま市場に出すと二束三文にしか売れないので、このときは、手で全体を揉みつぶすとボーズだけが壊れ、それをタルの中に入れ、水を加えて浮いたボーズだけを流して選別した。これが「ボーズ流し」である。オカに上がってからも選別をするので、漁師の奥さんたちにとっては、寒い朝などに池に張った氷を割って、この選別のための水を汲んでくるのが辛かったという。ひと網に五〇〇キロくらい入ったこともあり、一キロ五〇〇〇円で売れた。

コウナゴ漁・メロウド漁

私が新地にいるときは、毎日のように春雄さんと鹿狼山（四三〇メートル）に登っているが、

令和二（二〇二〇）年三月一八日、頂上から海のシオバ（シオメ）が見えた。

春雄さんは、震災後に初めてシオバを見たというが、そこはモクが流れており、遠目にも紫色に見える。シオバは周りの海との温度差が三度高いといわれ、このモクにコウナゴがいるという。

シラウオだけは刺し網で捕ることが多いが、コウナゴやメロウド、シラスなどの小さな魚は曳き網で捕り、漁師さんたちは「曳きもの」と総称しているが、船曳き網漁のことである。魚が捕れたときには「かかった」とは言わずに、「入った」という。船曳き網には、一艘曳きと二艘曳きとがあり、一艘曳きのことをカケマワリと呼んで区別している。コウナゴとメロウドの漁法は、カケマワリと二艘曳きがあるが、カケマワリは、一日に二艘曳きの三倍の回数が必要である。シラウオは季節によって魚の大きさが違うので、二艘曳きでもカケマワリでも刺し網でも捕れるが、シラスだけはカケマワリでないと捕れない。二艘曳きでは、シラスを寄せることができないからである。震災前は、三月か

魚種と漁法

魚種	シラウオ	コウナゴ	メロウド	シラス
漁法	カケマワリ	カケマワリ	カケマワリ	カケマワリ
	2艘曳き	2艘曳き	2艘曳き	
	刺し網			

ら五月までの、このコウナゴ・メロウド漁で、年間の漁獲金額の七割を占めたといわれている。

コウナゴ（標準和名イカナゴ）は、釣師浜の前浜で一二月に産卵して、翌年の三月にウムレッコ（産卵したばかりの仔）に成った魚を捕る。成長が早い魚で、翌年には大きくなり、二～三年でメロウドになる。コウナゴはどこにもいて、ナミノセから捕れていくが、メロウドは砂の中に夏眠するために来るときを狙うので、オキの決まった場所を底曳きで捕る。たとえば、水深四〇ヒロの宮城県境にキッパネと呼ばれる根があり、これをかわすようにしてメロウドを捕る漁場などがある。つまり、コウナゴは三～四月頃に一〇～二〇ダチ（ヒロ）の漁場で網を浮かせて捕り、メロウドは五月に三〇～五〇ダチの漁場の底曳きである。

二艘曳きはアンブネ（網船）とテンブネ（テンマ船）とが必要である。観音丸（六・六トン）では震災前は、コウナゴ漁のテンブネ（三トン）は春雄さんの弟の常吉《つねよし》さんに船長をお願いしていたが、震災で亡くなったので、再開後はヤマに明るい東《あずま》胞男さん（東栄運丸）にお願いしていた。メロウド漁は、震災後にはメロウドが養殖する魚の餌に用いることが多く、その放射能汚染を怖れたためと、加工業者が激減したために、いまだ再開していない。震災前は、本家の船の新地水神丸（六・六トン）がテンブネになった。コウナゴは魚が袋網に入ったとしても一トンくらいであるが、メロウドは一網にその一〇倍の量が入るので、網自体が丈夫なだけでなく、魚を積むための大きな船も要したからである。このカタフネ（相棒の船）との漁獲高の割合は、大仲経費（漁期中にかかる経費のこと）も含めてアンブネとテンブネが半分ずつ分けることになっており、こ

コウナゴ漁（2018.4.12）

れを「ブッツリ半分」と言っている。

網の構造は、コウナゴ漁もメロウド漁も同じで、左右の手網の長さが八〇〜一〇〇間、袋網も五〇間くらいあった。ただし、手網につなぐ綱の長さは、コウナゴ漁の三〇メートルに対して、メロウド漁では五〇〇〜六〇〇メートルになる。海面を曳くコウナゴ漁と、海底を曳くメロウド漁の相違が現れている。ボンデンには上に赤い旗、すぐ下に白い旗を付けるが、魚が袋網に入って大漁しているようだと、見ているボンデンの白い旗が沈むという。

コウナゴ漁もメロウド漁も、投網時間は夜明けの頃、三月から五月までの、少しずつ日の出が早くなる時期である。メロウドは漁場が三カ所くらいに定まっているので、〇分（東経一四一度〇分）の線上に船が南北に並び、一斉に漁場へ向けてスタートする。早いもの順であり、漁場に着いていても、前の船が操業を終えるまでは、長くて二時間も並んで待っていなければならないときもある。スピードの出る船が有利なようにみえるが、必ずしもそうではなく、順番にも当りはずれがあった。メロウドは朝のうちは砂に潜っていて、明るくなってから出てくるので、曇っている日などはなかなか浮き出てこない。朝は空っぽのことも多く、四番目や五番目が大漁をするときもある。

シラス漁

平成三〇（二〇一八）年、新地や原釜では、ホッキ貝とシラスが大漁であった。シラスのカケマワリと呼ばれる一種の追い込み漁は、震災二〇年くらい前に、茨城県から導入した漁法である。

このシラス漁の船上で耳にした「邪魔した」という言葉は、当初は何の意味かわからなかった。カケマワリは、一艘で網を下ろしながら、ぐるりと円を描いて魚を囲み、袋網を曳いて捕る漁だが、多くの船が同じ漁場にひしめきあうので、てっきり他の船から邪魔されたという意味と思っていた。しかし、事実は逆で、自分でシオの流れの判断を誤り、袋網がうまく開かなかった場合を指すらしい。「失敗した」という感じに近いのかもしれない。カケマワリは「番数《ばんかず》」（操業数）をこなすことが決め手で、あわただしい漁である。

シラスの群れを広く囲い込むことが理想的であるが、以前は群れの真ん中あたりに目印としてジュースの缶などを海面に投げておいてから曳く漁師もいたという。現在は魚探の性能が良いので、そういう行動は見受けられない。また、あまり船を速くしても入らないもので、〇・八〜一ノットで囲ってから曳く。シラスが移動する向きと反対の方向に曳くのがコツで、魚探では魚を

シラス網漁で急いでロープの長さを両手を広げてヒロで測る（2018.9.12）

探すことができても、その群れの方向まで感知できないので、そこに技量がかかってくる。ボンデンを入れ、群れを囲い込む時間が五分、それを真っすぐに曳く時間が五〜一〇分、全体で一番が一〇〜一五分の操業時間である。

　シラスは朝方にプランクトンを食べるときに水面近くにいるが、番数を重ねるごとに、怖がって下の根のほうへ逃げていくので、そのつど、フーセン（浮きのこと）と網を結ぶロープの長さを変えていく。通常は六〜七ヒロくらいである。春雄さんの息子である船長が、魚探でシラスを発見すると、そのつど何タナと数字を伝える。一タナは一ヒロのこと、両手を伸ばした長さが一ヒロなので、春雄さんはロープを両手で広げてタナ数をかぞえる。船上では素早い行動を要するので、抽象的なメートル法より、身体で捉えることができるヒロの単位が生きているわけである。

　網が根まで届くと壊れるリスクがあり、操業の中途で網キヨリ（網直し）をしなければならなくなる。そのために、最後の番と決めたときに、根に近いほうに網を入れた。壊れても、オカに戻ってから修理ができるからである。

シラス網の左右の両側からの手網の長さは八〇間、アバとイヤのあいだは、四尺の目合が三〇掛で約二〇ヒロ、アバとアバのあいだは一〇センチ、イヤとイヤのあいだも同じである。袋網は約五〇間に五四目ある。これがコウナゴの手網だと、四尺の目合で三五掛くらいになる。網には、「ミツポ抜き」と呼ばれる、ミツポ（クラゲ）を抜く工夫もしてあり、プラスチックのファスナーで開け閉めができる便利なものである。また、シラスが大きくなって売れないカエリとも選別する必要があり、細かな目合の網を付けた。中網という中網は、シラスの場合は長さが一間、コウナゴの場合は三間である。この網もファスナーで開閉でき、ここにはカエリだけでなく、海面を動く夏のさまざまな魚が入る。網に入る魚種の変化から季

シラスが根に近づくと網を痛めることが多くなる。時間のロスを気にしながらも急いで網針で修繕する（2018.8.20）

干したシラスを引っ繰り返す（2020.6.29）

節の移ろいを感じることもできる。スズキ・サバ・カタナ（タチウオ）・ホウボウなどであり、現在は「試験操業」のため、「混獲」の魚は沖で放流してくるが、以前は皆「食い魚」になった。中網にスズキが大量に入った場合などは、売りに出した漁師さえいたという。

シラスは以前、ボーズと呼ばれ、ウムレッコ（産みたて）→ボーズ→カエリと成長して、その後にカタクチイワシになる。ボーズは頭が大きいことから付いた名で、以前は持ちが良いので売れることもあった。カエリも以前は、タル一本が五千円から一万円で売れたが、今はすぐに、がおり（弱り）、腐れやすく、腹が切れるので売れない。

イワシは以前、九月頃に流し網の夜漁でも捕っていた。夜に集魚灯を付け、自分たちが食べる分のイカ釣り漁などをして待ちながら操業した。脂がのっている刺身用のマイワシを捕るので、一パック千円から二千円、高いときは一万円で売れている。震災の五～六年前まで操業していたが、アブラ代（燃料費）が高くなる割には、イワシが安くなり、中止した。

シラスの加工は、震災前は各家でも大きな釜に煮てから、天日干しを行なっていた。煮るのは約二〇分、網箱に上げてシラスを割箸で平らにならす。そのときは割箸を逆さに持ち、太いほうでならす。通常の箸先のほうでは、シラスの身を崩してしまうからである。中途に何度も、網箱を重ねて引っ繰り返して万遍なく日干しをするが、この二人で網箱を引っ繰り返す作業のことを「パッタン」という。二一～三時間も干せば、できあがる。

注1　南相馬市博物館編『海辺の民俗―福浦村を中心に―』（南相馬市、二〇〇八）三四頁

第四節　その他の漁業

月夜のサワラ流し網漁

通称の「流し網」は、「さし網漁業」と呼ばれる、福島県知事許可の漁法であり、新地では主にサワラやスズキ、タイを捕るときにこの網を用いている。これでサケやマスを捕ることは禁じられている。相馬双葉漁協では、双葉郡広野町といわき市の境界点からまっ直ぐ東に線を引いた、その線から北が漁場となり、周年操業である。三枚網の禁止、操業中におけるタタキ網に類する行為や、網の長さを一五〇〇メートル以上にすることを禁止する制限もある。

新地では、固定式刺し網漁でカレイなどがあまり捕れなくなる秋口から、宵の口の流し網漁に変わる船もある。春雄さんによると、固定式刺し網漁と流し網漁とでは、広義では同じ「刺し網」でも、その漁の特質として対極にあるという。

固定式刺し網漁は、コツコツと行なう安定的な漁であるが、家族などが動員されるような人手が必要になるという。それに対して、流し網漁は博打のようなもので、大漁をするか不漁をするかのどちらかで、その日のうちに漁がわかり、あまり経費がかからないという。固定式刺し網の場合は出漁日の九割がそこそこの漁であり、一割が不漁であるとすると、流し網の場合は一割が大々漁で、九割が不漁であるともいう。操業方法も、固定式刺し網は、ナダは別として、東西に網を打つ「サガブチ」であるが、流し網は主に南北へ移動する「横ブチ」である。これは、あくまで双方の競合を避けるためであり、慣例としてあるだけである。固定式刺し網漁は海底の底刺し網であるが、流し網は海面近くを流し、回遊魚を捕る。網の仕立てかたも、カレイ網（固定式刺し網）は、網の目を海中に垂らしておくために「目ゴメ」であり、網にくるめて捕るのでシタモノも多くなる。流し網の場合は海中で、網目を菱形にピンと張っておくために「ハタ目」に作り、サワラやスズキ、イワシなどの魚のエラを引っかけて捕る。流し網でも固定式刺し網漁でも、シラウオ漁の刺し網を除き、魚が「かかる」と語っている。

サワラの流し網漁（2019.11.20）

　サワラは一〇年に一度、大漁があると言われるが、平成三〇（二〇一八）年からは、秋たけなわまで流し網にサワラがかかるという、例年にない漁があった。秋のサワラは脂が乗り、「サワラ、皿まで舐めた」というタトエが新地の浜に伝わっているくらいである。

　流し網は、月マンドウ（月が真上に来たとき）の明るい夜に漁があるという。あまりに海が明るくて、魚が網を認識できなくなるからだという。スズキは網が見えるとバックをして後ろに退く魚であるからである。漁師たちは、このような時期を「月まわりがいい」と語っていた。水平線上に月が上り、海に映った光が一直線になって輝いている傍らで、魚がかかってくるのを待つ漁が続いた。流し網はシオも大きく関わっている。ナダからオキへ動く魚を捕ることが多いからである。

流し網のうち、イワシの場合は一～一寸五分の目合で、網丈は二〇〇掛（五～六ヒロくらい）。サワラの目合は三寸三～六分で、網丈は二〇〇掛（八ヒロくらい）。スズキの目合は船ごとに自由であるが、観音丸は四寸二分で、網丈は一〇〇掛である。これらの網を、漁師によって相違するが、五～二〇反につなげて、海面近くを流すようにする刺し網である。

イナダの大漁

「試験操業」の漁船に乗り始めて半年が過ぎた頃には、漁船に乗ることが当初のように身構えることがなくなった。まるでコンビニに買物でも行くように、当たり前に甲板ですごしていた。その観音丸でも「流し」（流し網漁のこと）が始まっていた。

平成三〇（二〇一八）年一〇月三一日のこと、その日は用事があったので乗船しなかったのだが、水揚げの時刻に春雄さんから電話がかかってきた。どうやら、流し網にイナダ（小型のブリ）がいっぱいかかってしまい、手伝ってほしいとのことだった。

実はこのイナダ、網からはずすのに困難な魚である上に値が安い。翌日の原釜の魚市場で一キロ八五円から一〇〇円の相場であり、スズキが約四五〇円、サワラは上下の値が激しいが高くて一二〇〇円であることと比べると大違いである。イナダが大漁なのに、いずれの者も顔色がすぐれないのは、そのためである。

私もイナダを網からはずしてみたが、これがなかなか困難を伴った。私がようやく一匹はずすうちに、春雄さんたちは一〇匹もはずしている。しまいには、イナダの背びれで手を軽く切る始末、カットバンなど付けている余裕さえなかった。結局、翌日の原釜の市場には、観音丸のイナダは魚カゴで二二個、サワラは五個、スズキは二個が並べられた。

オキダコ漁

「かご漁業」は、福島県知事許可の漁法であり、新地では主にオキダコ（ミズタコ）を捕っている。相馬双葉漁協では、双葉郡富岡町と同郡楢葉町の境界点から、真っすぐに東へ線を引いた北側であり、底曳き網と競合しない海域で操業している。漁期は毎年九月一日から、翌年の六月三〇日までと決めている。ほかに、カゴの数が三〇〇個以上になることの禁止、カゴに入ったハモ・アナゴ・ヒラツメガニ・ガザミ以外の混獲も原則として禁止されている。

タコ漁は以前、九月から翌年の五月までマダコを捕るタコツボ漁を行なっていた。タコカメ漁とも呼ばれる、タコツボによる延縄漁であり、七～八間ごとにタコツボを入れる。タコツボは相

タコカゴ漁。ツブもカゴに入る（2018.7.23）

馬焼のものを用いたという。春雄さんも、若い頃に数度、このタコカメ漁に連れていかれた記憶がある。ツボからタコがなかなか出にくいときは、底に空いてある穴から息を吹きかけると出てきたものだという。新地では、昭和三五（一九六〇）年一〇月二九日に、この漁の最中に海難事故で四名の命を失うが、この事故の頃がタコツボ漁の盛んだった時代である。

後には、ダイナンオキで七〜八月の盆前にミズダコを捕るタコカゴ漁に変わっていった。このオキダコ漁は、五トン以上の船でないと操業できない。カゴは一五間ごとに入れ、震災前までは三〇〇カゴを要した。餌はサンマ・サバ・ウスコ（エイ）・ドンコ・タラを用いた。オキダコ漁のときには、カゴの中にツブも入ってくる。捕れたタコは、逃げないようにネットに入れておくが、タコ同士がケンカをして痛まないようにするためもある。このネットをボンデンに結び付けて、タコ漁をしている目印にする。タコの吸盤が腕に絡むと、痣《あざ》が付くこともある。刺し網にもタコがかかることがあり、このタコによって食われた魚などのシタモノをタコスイと呼んでいる。タコはカゴの中の餌がなくなると、次のカゴへと移動する。タコ同士の共食いもある。カゴに五匹も入っていることもあり、後から入ってきたタコが有利である。

ツブは白ツブ（和名チヂミエゾボラ）・巻キツブ（和名ヤゲンバイ）・黒ツブ・毛ツブなどが入る。平成元（一九八九）年には、カゴいっぱいの巻キツブが入ったこともある。これらも、刺身用・鮨用として売れるので、昔は市場に出した。白ツブは一キロ七〇〇〜八〇〇円、巻キツブは一キロ一五〇〜三〇〇円、黒ツブは一キロ一五〇円、毛ツブは苦いので、あまり売れず、売れても一キロ二〇円くらいである。毛ガニ・ドンコ・タラなども入ったが、毛ガニは売りに出さなかった。オキダコ漁では、震災前から「混獲」が禁じられており、とくに毛ガニは海に戻してきた。

浜に寄るホッキ貝

漁師さんから話を聞いているときに、ときおり感覚の鋭い表現に驚かされることがある。春雄さんから「寄りボッキ」の話を聞いたときもそうであった。

それは「雪時化」の寒い日であったという。ホッキ貝が海に浮かび、目の前の釣師浜にコロコロと音を立てて寄ってきた。誰が拾っても構わないが、原則として「共同漁業権」を持つ新地の漁協組合員のみ可能であった。白い雪が海上に舞う日、海中からも雪が浮かんできたかのように、砂に磨かれて色が白くなった貝が寄ってきた。「寄りボッキ」はその色のために、市場では売り物にならなかったという。もともと新地のホッキ貝は砂地のために色は白く、海底がドブである磯（宮城県山元町）のホッキ貝は黒い。

平成一五（二〇〇三）年には、相馬市の磯部で「寄せホッキ」（「寄りボッキ」のこと）が問題化されるなど、売れないために、生活には不安を与える現象であった。新地の釣師浜に「寄りボッキ」が来なくなったのは、「六脚」（消波ブロック）が海に積み重ねられてからだという。

ホッキ貝の学名はウバガイ、日本海北部と茨城県以北の太平洋にのみ分布する貝である。春から夏に産卵期を迎え、漁法は小型底曳き網（桁曳網《けたひき》）や、ジェット水流による掘削漁獲が主であるが、福島県の新地町では「ホッキ巻き漁」という名の、桁曳網を行なっている。

東日本大震災の原発事故によって、ホッキ貝も放射能汚染のため操業停止になったが、五年後の平成二八（二〇一六）年から再開された。震災後、海底の砂地が広くなったせいか、ホッキ貝とシラウオは水揚げ量が増加している。五トン未満の船であれば許可されるが、新地では現在、三艘のみが従事している。

以前は、ヤマの明るい（山シメのできる）漁師が、よくホッキ貝を捕ったという。アブラ代（燃料費）もかからず、年間で一〇～二〇万円。漁によっても違うが、六トンクラスの漁船が一日の燃料に三～五万円かかることと比較すると効率が良い。とくに七夕の時期は、高く売れたものだという。春雄さんは、そのホッキ巻き漁の手伝いに、義兄の鈴木操さんの船（鈴木観音丸）に年に何度も乗っている。

トモマンガと錨マンガ

ホッキ巻き漁の漁期は、産卵期を避けた、六月から始まって翌年の一月までである。そのあいだの二～五月までは、産卵期のため採捕禁止期間になっている。漁場は、釣師浜の目の前の、通称ナダと呼ばれるところである。

平成三〇（二〇一八）年もその翌年も、漁が解禁になるハツデバ（初漁）のときに、鈴木観音丸に乗せていただいたが、三〇年は六月六日であった。朝の四時三〇分頃に船を出して、五分後には漁場に着き、三八分には錨マンガを船から下ろした。マンガとは農具の「馬鍬《まぐわ》」の形態から由来する漁具で、コウと呼ばれる二三本の歯で、海底の砂浜を引っ掻きながら、付随した袋網に貝を採取する。

興味深いのは、トモマンガと呼ばれる主たる操業用のマンガがトモ（船尾）に、錨マンガと呼ばれる船の錨の機能を果たすマンガが左舷のオモテ側とに、船で二つのマンガを用いることである。つまり、トモマンガを曳くと、同時に錨マンガも少し移動するので、こちらの網にもホッキ貝が入る仕組みである。「ホッキ巻き漁」と呼ばれるように、トモマンガを巻き取り機械で一〇メートル動かすと、錨マンガは同時に一メートルくらい移動する。どちらかに偏ってホッキが捕れるともいい、錨マンガのほうにホッキ貝が多く入ることもあるという。

この年の六月六日の操業時間は、一度目が四時四二分にトモマンガを下ろしてから引き上げが五時三三分。二度目が五時三九分に下ろして六時二〇分に引き上げ。三度目は六時二六分に下ろした後、引き上げは七時四分、四度目もこの後、すぐに下ろして三九分に引き上げた。マンガを曳きながらの巻き取り時間は平均四〇分くらいで、これが砂地ではなく、ノロ地（泥地）だと一時間はかかるという。

七時五三分には、最後の鐳マンガを上げて帰港した。鐳マンガにも十分過ぎるほどのホッキ貝が入っていた。新地では八〇キロを捕獲制限量としているので、多く捕り過ぎたホッキ貝は、スコップでコークスのようにすくって海へ戻してきた。五カ月ぶりの漁でもあったが、翌三一年の六月三日のハツデバでも、同様の大漁であった。

ホッキ貝の初漁では、鐳マンガの袋網にも多くの貝が入った（2019.6.3）

ホッキ貝の選別

どの漁業でもそうであるが、捕獲した魚や採取した貝は、市場を想定して、すぐにも船上で選別する。ホッキ貝の場合も同様で、砕けた貝を「こわれボッキ」、ベロ（貝の足）を出したものは「ベロ食い」とか「ベロボッキ」と呼ばれ、これらはすべて「食いボッキ」と総称される。つまり、市場への売り物にはならず、自宅で食べる分である。マンガが来たときに慌ててベロを挟んだ「ベロボッキ」は、人間が舌をかんだときと同様に死にやすいという。

ベロボッキは表面から判断するだけではない。ベロを噛み切ったまま貝殻の中に留めている場合があるので、必ず耳のそばで貝を振って、カラカラと音がする貝は「ベロボッキ」として市場に出さない。ホッキ漁の漁師さんたちは、捕れたホッキ貝のすべてを耳に当て、一瞬目をつむって貝を振り、音を聴き分けながら選別する。

右手にホッキ貝を持って耳に当て、目を一瞬閉じて音を聴き分け、「ベロボッキ」を抜いた後に、左手にあるケースで大きさごとに選別する（2019.6.3）

さらに、船にはケースも持ち込まれ、すぐにも大きさによって選別される。一～三号と特大の四つに分かれ、それを一つ一つ当てはめながら、カゴごとに分ける。それ以下の大きさの貝は、二～五月に産まれたばかりの「仔《こ》ボッキ」として海中に戻される。

第五章　新地の漁業民俗

第一節　海の活躍場所を求めて

漁場と漁期

釣師浜では、漁場について大きく、オキとナダという分け方をしている。ただし、どこからどこまでの範囲ということではなく、「オカに近いほうがナダ」というように、位置ではなくベクトルを指すような、身体感覚に近い捉えかたをしている。私たちオカモノは、とかく平面図の発想しかなく、オカから何キロかということでオキやナダを考えがちであるが、漁師さんたちの感覚では、むしろ水深のほうがその指標になり、立体的である。つまり、しいて表現すれば、ナダは水深一〇～二〇ダチ（＝尋《ヒロ》）、オキは二〇～三〇ダチ、それ以上の三〇～五〇ダチは、ダイナンオキと呼んでいる。台風のときなどに、五～六ヒロの大波が折れている様子を見て、「ダイナンオキからナグロ（波）が来た」というような言いかたをする。

さらに、東西の漁場を細かく表わす言葉としては、東経の「分」を用いている。新地沖には、東経一四一度〇分の見えない線が引かれているので、この線から出発して漁場を表わす場合が多い。オキとナダとは船の速度によっても微妙にその感覚が違ってくる。第十八観音丸は平成三〇

（二〇一八）年に船おろしをした新造船で、他の船よりも速い。だいたい東経一〇分のところ、約一〇マイル沖の、船で三〇分かかるところがオキである。北緯の数字は、あまり口頭に乗ることは少ない。

逆に、ナダよりオカに近いのがナミノセ、波の崩れるところがナミノッパと呼ばれる。ナミノセは、波が砕けるところが船から見えるあたり、ナミノッパは和船時代にここに近づくことを危ぶんだくらいに水深が浅いところである。また、ナミノセとナミノセのあいだに、ユブという深い箇所があり、以前はシラウオの二艘曳き漁やスズキの刺し網などはここで操業したという。

オキとナダとは、新地の浜では東西の方向であるが、南北に関しても、無線などでキタとかミナミと呼んでいる。釣師浜の場合は、漁場を指す南北は、相馬市の鵜の尾岬を基点に分かれる。「ミナミはシタモノがかからず、シタがいい」などと語られる。また、マコガレイやアカジガレイは、ミナミより一カ月くらい早くキタで捕れ、師走には仔持ちガレイが高価に売れる。正月を越すとキタでは少なくなり、二月からミナミに仔持ちカレイが捕れてくるという。

また、直前に漁があった場所をモトヤマ、誰も試していない新しい漁場のことアラッパギと呼ばれる。漁期のことはショクと呼び、ヒトショク（一漁期）などと語っている。漁期においては、漁始めのことをアラッパギ、終漁期のことをブッカラシあるいは、トリックシ、「終わり商売」などと呼ぶ。新しい漁場も漁期も、どちらもアラッパギと呼ばれている。

新地沖の山シメ

ところで、漁場に関しては、GPSが導入される以前は、山をかけて（見て）漁場を確定したという。釣師浜では、その方法を「山シメ」とか「山タメシ」と呼んでいる。

春雄さんの叔父の小野利雄さん（大正一五年生まれ）も、山シメに明るい漁師であったが、時計とコンパスだけで操業した人である。山が見えなくなる靄《もや》の日などを想定して、見える日に刺し網の漁場までの方向と所要時間を測っておき、視界の悪い日に活用した。山シメの方法が、突然にGPSという機器に転換したのではなく、時計やコンパスなどの計器を経ていたことがわかる。また、利雄さんは、重りを下ろして水深をはかっておいて、刺し網の漁場を確定することも行なったという。これらは夜間の操業などに、ピンポイントで網を入れなければならない刺し網でこそ、発達した技法である。

元大戸浜の東胞男さん（昭和一九年生まれ）によると、以前は「山カケ（山シメ・山タメシ）と舵を持っていれば船頭になれる」と言われていたという。山シメは良い漁場の目印というだけでなく、水深を測る目安ともなった。釣師浜から海に船を出した場合は、西と南の山しか見えない。西の山をかけることをタテカケ、あるいはサガカケと呼び、南の山をかけることをヨコカケと呼んだ。この呼称は、刺し網を打つときの、北西〜南東方向に打つサガブチと、オカに沿って南北に動くヨコブチで見える山々に対応する。そのような方向に網を打つときに、二方向の山々をかけ合わせるわけだが、船を移動させる場合には、サガブチの場合はヨコカケに頼り、ヨコブチの場合はサガカケに頼ることになる。

サガカケ（タテカケ）は、西の山並みの後方に見えるソウゼン（福島県伊達市の霊山、八二五メートル）と、近くの山並みの北から、北トウゴウ・トウゴウ・四十《しじゅう》峠（鈴宇《すずう》峠）・鹿狼山（四三〇メートル）・大沢峠（一五〇メートル）・荷鞍《にぐら》山（八森・砕石のため今はない）の六カ所をかける。ソウゼンと鹿狼山の頂上を結びつけた付近が、宮城県の海との県境であるという。

南の山を用いるヨコカケは、鵜の尾岬を規準にして、その岬から遠くの南の山々が見えてくる姿をもってかけ合わせる。その呼称は、現れてくる順番に、一島・二島・大イボ・小イボ・前塚・沖塚・一のノラケ・二のノラケ・三のノラケ・ヒナモリまでが、和船時代の固定式刺し網漁の漁場である。電気チャッカ船になっても、ヒナモリまで行くのに一時間かかった。機械船になって、ここからさらに沖へ行くことができ、鵜の尾岬から出てくる標識になる山にも、オトモリ・カヤノ・マルヤマ・ユキヤマなどと呼称があった。ユキヤマは、いつも雪をかぶっている山だというが、どの山を指しているのか不明である。オキからは福島市の吾妻小富士（一七〇七メートル）も見え、クニミ（国見）と呼んでいたという（注1）。

ヒラメは麦の穂が黄色くなると産卵し始め、産卵後は移動しないで、根の深いところでじっとして休んでいるので、以前は山シメをしっかり覚えていないと捕れなかった。また、根と根のあいだの海底の岩場のガンタ（急峻なところ）に、網が絡んだりして壊してしまうこともあるので、それを避けるためにも山シメは大事な技法であった。夏のヒラメは夜行性なので、「泊り」と呼んで夜の漁であった。明るいうちに山シメで刺し網を打ってきて夜に起こすが、夜のヒラメ漁では、網がよく切れたという。網を引っかけたときは、ウジを用いて、ウジカケをして海底の根からはずした。今でもウジは船に積んでいる（二三九頁参照）。

山タメシは、飯舘村の虎捕《とらとり》にある山津見神社、通称「山の神」が鎮座する山も目標にされたこともあり、この山に対する信仰も大戸浜にあった。大戸浜には分社もあり、一三名くらいの「山の神講」が組織されていて、春秋の祭日には連れ添って参詣に行ったという（鈴木操さん［昭和一二年生まれ］談）。山タメシの山が信仰の対象にもなった事例である。一般的に「海へ出て山の神さまに山を隠されてしまうと、方向がわからなくなる。それで山の神を拝む」（注2）のだともいう。

記録された山シメ

昭和五六（一九八一）年の八月、相馬原釜漁協（現相馬双葉漁協・注3）の広報委員会は、『山』の名称と危険海域について』という横長の冊子を刊行している。読者として漁協の組合員を想定していたのは、次のような同書の「はじめに」から理解される。

「海のことわざ」が漁師の生活体験から生み出されたものであり、広く人々に支持され、長く漁村に伝えられて来たように、ひとたび海に出た漁師が現在、自分はどのあたりにいるのか、過去に大漁したのはどこであったのか、そして無事母港に帰り着くのにはどの航路をとればよいのか、万一、嵐に遭遇した時はどのあたりでしのげば難を避けることができるのかといったことは、当然のことながら漁師にとって最大の関心事であったはずである。

現在のようにあらゆる近代的な計器類が開発されるまでの漁師の唯一のよりどころは「山」であったわけである。

人間が陸を離れて海の上にあって、目標とするのは山をおいて他になかったのである。

父から子へ子から孫へと教え伝えられて来たこの「山」が、ともすれば各種の計器という機械文明に頼るあまり、若い世代の漁師がこれを進んで知ろうとしない最近の風潮が「忘れた頃にやって来る海難事故」と決して無関係ではないように思われてならない。

あわせて、当地方における危険海域の位置についても資料を整えたので「山の名称」の資料とともに特に若い諸君がこれを熟知されれば幸いである。(注4)

この「はじめに」の後に、「危険海域」の図が一ページ、それから相馬沖から陸地へ向かって撮影された接合写真(A3版合計二〇ページ)の下に、一時代前の漁師が呼んでいた山名が付してある。要するに一目でわかる山シメ(山タメシ)の冊子であった。

注意されるのは、「危険海域」のページである。「過去に発生した大きな海難事故」の海域内にある五つの根(中根・権現堂の根・玄幡出しの根・玄如出しの根・黒森出しの根)の、それぞれのヨコ山(海上から西に見える山)とタテ山(海上から南西に見える山)のうち、重ねる山を二点ずつ四点の表記をし、事例として「中根」の図を載せている(次頁参照)。続けて、「総括すれば、荒天時の航行に際しては、距岸、鵜の尾岬二・〇マイルとロラン数字で2455の北と2480

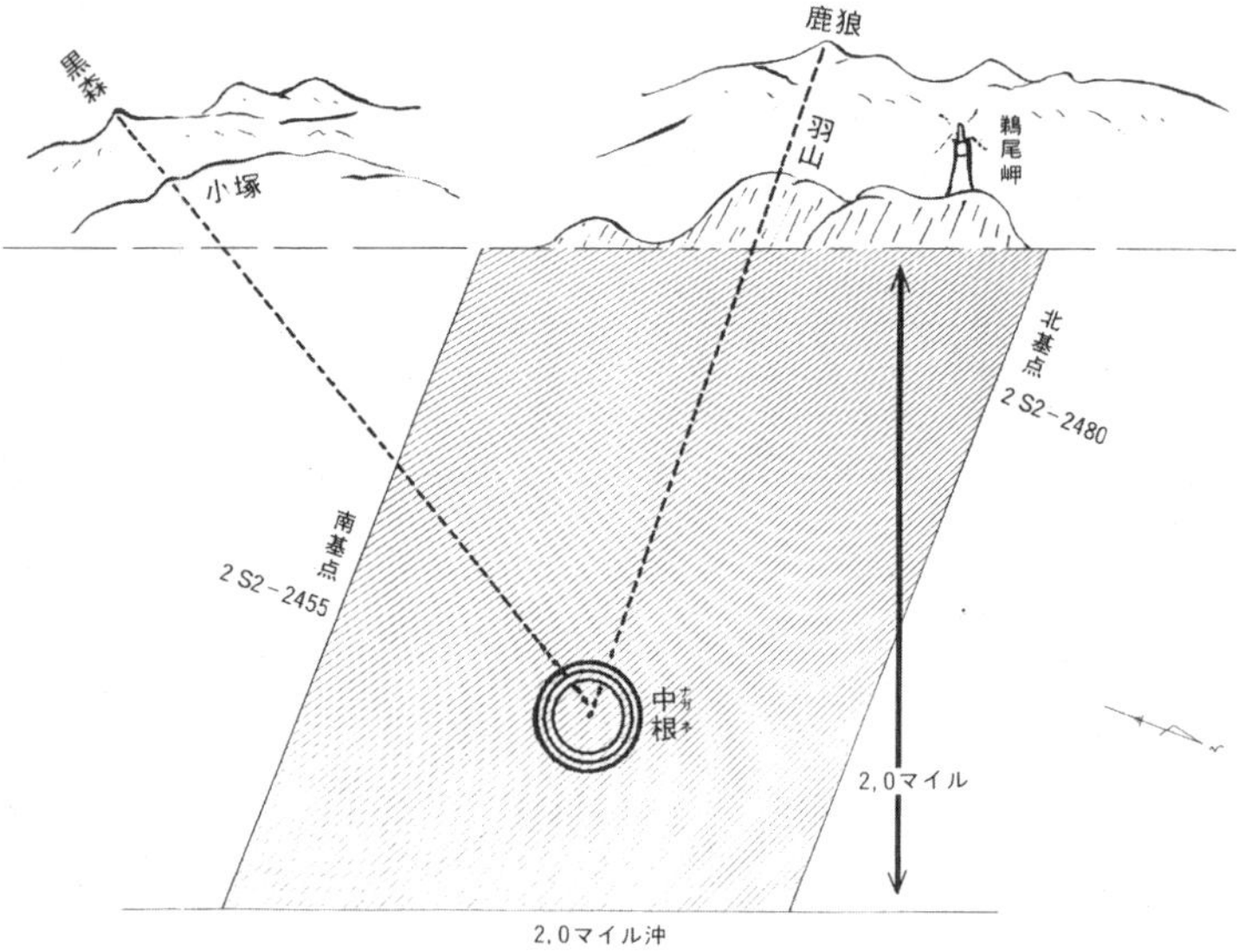

相馬沖の危険海域（相馬原釜漁協編『「山」の名称と危険海域について』より）

の南を結んだ海域は絶対に避けること」と、ロランという機器の表記も重ねていることにも注意をしておきたい。

この発刊当時の相馬原釜漁協の組合長は荒文蔵さん（明治四三年生まれ）であった。荒さんが第一二代組合長として就任した昭和五五（一九八〇）年一二月二四日、相馬原釜漁協所属の小型底曳き網漁船「幸漁丸」が大時化により、乗組員八名を乗せたまま消息を絶つという海難事故があった。「福島民報」の一二月二六日の朝刊一面によると、二五日に約五〇人が小船に乗って鵜の尾岬で捜索したところ、岬の南側の砂浜に「幸漁丸」の救助浮き輪、救命イカダカプセル、魚カゴ、網、小型テレビを発見した。相馬原釜漁協は遭難と断定して対策本部を設置している。新聞によると「相馬原釜漁協では船体の一部が発見されるまでは「無線の故障だと信じている」と言葉少なに話していた荒文蔵組合長らも首をうなだれ、事務所内は重苦しいふん囲気」（注5）であったと記している。この日の大時化は、後に「クリスマス台風」とも俗称され、新地漁協所属の小型底曳き網漁船「海福丸」も三名の行方不明者を出している（一六〇頁参照）。福島民報の一面に出ていた地図で、遭難現場を示す×印の個所は、翌年に発行された『「山」の名称と危険海域について』の事例に挙げられた「中根」と近い。

荒文蔵さんからは、直接に昭和五五年の海難事故と翌年の冊子の発行との関わりは、お聞きすることはできなかったが、当時のメディアで流す天気予報は現実からかけ離れたものであったことが、この冊子を作る機縁だったことをお話しされた。相馬沖から陸地へ向かって撮ってもらった接合写真は海上保安部にお願いしたことも述べられた。組合長に就任してから、大きな事業として目指したのは、漁港の整備と『相馬原釜漁業協同組合史』の編纂であったという。いわば、ハードとソフトの両面から海難事故に立ち向かったわけである。その組合史は昭和五八（一九八三）年に発行されたが、組合員一戸に付き五千円ずつ集め、一冊一万二千円くらいの経費がかかったものの、漁協で発行でき、毎戸に一冊ずつ無料で配ったという（注6）。

その『相馬原釜漁業協同組合史』の編集者も、奥付を見るかぎり「組合長理事　荒文蔵」である。本文八九四ページにわたる大冊で、「第8章　組合及び組合員（その1）」の「第2節　組合員のために」の「4.」に「「山」の名称と危険区域」と題して、昭和五六年の冊子のうち写真が除かれて、文字と図が引用されている。この「組合員のために」の節は、現代の気象科学（「1．天気予報（気象通報）」）だけでなく、「4．」以外にも「2．貴重な体験から生んだ漁業気象に関することわざ集」、「3．あちらの雲こちらの風」、「5．時刻と方位の今昔」、「6．潮時計算法」など、伝統的な防災知識も組み入れられている（注7）。

以上のように、昭和五〇年代後半に、相馬原釜漁協において発行された二冊の出版物、『「山」の名称と危険海域について』と『相馬原釜漁業協同組合史』は、漁協の文化事業として、当地で「山シメ」と呼ばれる山アテを中心とする民俗文化を、活字を通して伝えたことになる。

「山シメ」の技法は、海難事故を避けるだけでなく、逆に大漁する場所をも示すものである。春雄さんによると、事例にされた「中根」も、「海が悪い」と一間くらい海が高くなって波が折れる場所であるとともに、一年中、メバル・アイナメ・クロソイ・クロダイ・スズキなどの好漁場でもある。夏季には、根の近くの砂地でヒラメやカレイが捕れ、根で網を傷めるので、「網と交換する」と語られる漁場である。ただし、前述した出版物から三〇年以上経った現在、ＧＰＳも魚群探知機も性能が良くなり、「魚を昔は山で捕ったが、今は機械で捕る」と語られるまでになったという。しかし、今でも、大漁したところをＧＰＳに印付けするが、それ以前に大漁した箇所を「元ヤマ」と呼んでいるのである。つまり、このような語りかたからは、「山」と「機械」とが並置され、同時に併用されていた時代があったことが理解される。

現在の漁師において、他地方でも山アテなどの伝統的技術とＧＰＳなどの近代的技術は必ずしも対立するものではなく、相互補完的に使い分けされているという（注8）。相馬原釜漁協の二冊の出版物は、新旧二つの技術が併用可能だった時代を象徴するものであった。全国的に山アテに対する研究は多いが、それは漁業の民俗研究者などが、単に現在のうちに聞いておかなければ風化してしまう漁労技術や自然認識論という視点で採録され続けられたが、その技術を現在に活かしていこうという視点が、八〇年代当時の漁協にあったことは注意されなければならない。

「山シメ」は単に海上における船の位置を抽象的に定めるためのものではない。海難防止にせよ漁を得る場所にせよ、常に海底の「根」と対応させるかたちで記憶される。おそらく、オカの者が常に平面図の発想で向き合っている世界とは違うものであることは確認しておきたい。

魚探をめぐる民俗

『東京湾で魚を追う』（一九八六）の著者、漁師の大野一敏さん（昭和一四年生まれ）は、魚探の扱いかたについて、次のように述べている。

針で描く白黒の魚探は、骨格の大きな魚や、かたまりの大きい魚群の場合には音波の返りが強いから、その衝撃、針のふれる強さによって魚の種類がわかる。反応がバチッとくると、スズキだなというように。

地つきのイシモチ、これはゆっくり砲弾形というか竹の子形の像になる。ボラは中層域で霜降りのような点々に、タチウオなら海底に毛虫のような形で示される。コノシロにも特徴があって、海底に箱を二つ三つと横に並べたような形になるし、中羽イワシは中層にギザギザの稲妻形の線になる。これは私なりの読みかただが、こういう反応が魚探に瞬時にというか、ふいにあらわれて記録されていく。（注9）

ここでは「私なりの読みかた」と表現しているが、魚探は機器であっても、それを扱うのが生身の人間であるかぎり、視覚を中心とした民俗語彙的な表現をとる。大野さんは「魚探を仲立ちにして魚をとるわけだから、読みかたも技術の一つだ」といい、「魚探の読みかたは私で的中率八〇パーセント、二〇パーセントくらいは見誤る」とも述べている（注10）。

たとえば、新地の漁師たちは、魚探に魚が映ることを「汚れる」と語っている。船同士の無線のやりとりを聞いていると、相手の船に「汚れたか？」と訊《き》いていることがよくあった。また、スズキやメバル、シラウオを捕るときは、網も魚探に映ることがある。網のアシナ（足縄）と海底とのあいだのことをクチといい、無線で「クチが開いている」などと語っているのも船上で聞いたことがある。

また、シラスは赤色の二〇〇光源に反応するが、シラスより大きなカエリは青色の五〇光源に反応する。シラスより大きなカエリは売れないので、これで区別ができる。魚探に青色や黄色に映ることを「カゲさす」という。ただ、魚探では魚の動く向きがわからず、イナダなどの「浮き魚」も映らず、逆に海底のカレイも映らない。前述した東京湾の大野さんも「魚探という機械はたしかに便利だが、万能ではない。魚の居場所は教えてくれるが、魚群の進行方向までは教えてくれない」（注11）と述べている。

また、魚探は陽が上って明るくなるとよく見えてくる。平成三〇（二〇一八）年九月二八日のこと、午前四時にシラスのカケマワリ船が、何艘も出港したが、シラスが魚探に映らず、試験操業のチーフから、一斉に港に釣師浜港へ戻る指令が出た。帰り際にナダで魚探に映るシラスを発見、暗いうちに出港したことが原因で、その日は操業中止になったことがある。

この魚探にも、水深の単位が「ヒロ」で数字が表わされている。設定によりメートル法での数字も出るが、進化を遂げた機器であっても、身体的な感覚の残す「ヒロ」の単位の数字が画面に出てくることが興味深い。

タイヤを回して漁具を移動する（2020.6.7）

古タイヤとドラムカン

「今はヤマではなく機械で魚を捕る」と言われるような、機器で操業する時代を迎えたとしても、意外に使い古したものを手作りで作っている漁具が多いことも事実である。

たとえば、刺し網の「網のし」の使う台は、古タイヤに鉄棒を挿し込んだもので、棒の先に付けた紐の輪に竿竹を通して行なっている（八一頁写真参照）。底を支える古タイヤは安定性があるばかりでなく、移動するときは、タイヤと棒とが固定しているわけではないので、タイヤをくるくると回して所定のところへ楽に動かせる。

同じタイヤと鉄棒は、揚網機のそばにおいて、網かけ棒に網を一反ずつ括る道具としても利用されている（七九頁写真参照）。一反ずつ括っているときに、売り物として出す魚はすぐにも網からはずすが、その後のシタモノ類をはずすには、甲板よりも、すでに船に乗せられているドラムカンの上にあげて作業するほうが仕事しやすい。一反の網全体をまんべんなく調べられるだけでなく、うつむきながら仕事をするよりも、立っていたほうが、船が大きく揺れるときなどに酔うことが少ないからである。シタモノが多くてドラムカンだけでは間に合わなくなると、コベリに座ってシタモノをはずすこともある。

このような古タイヤやドラムカンと同様に、漁師さんたちの自らの工夫には、驚くものがある。ボンデンにテッカリ（電灯）を付けずに、反射板の代用として、缶コーヒーの空き缶を用いたものも見たことがある。

注1　新地町史編纂委員会編『新地町史　自然・民俗編』（新地町教育委員会、一九九三）一七〇頁
2　和田文夫『ふくしま漁民の民俗』（ふくしま文庫49、福島中央テレビ、一九七八）一六七頁

3　相馬双葉漁協は二〇〇三年一〇月に、福島県浜通り地方の新地・相馬原釜・松川浦・磯部・鹿島・請戸・富熊の七つの漁協が合併した漁協であり、旧相馬原釜漁協と同地にある。
4　相馬原釜漁業協同組合広報委員会編『「山」の名称と危険海域について』(相馬原釜漁業協同組合、一九八一) ノンブル無し。
5　「福島民報」一九八〇年一一月二六日号
6　一九八八年七月一一日、福島県相馬市原釜大津の荒文蔵さん(明治四三年生まれ)より聞書。
7　荒文蔵編『相馬原釜漁業協同組合史』(相馬原釜漁業協同組合、一九八三) 七八八〜八一一頁
8　卯田宗平「新・旧漁業技術の拮抗と融和—琵琶湖沖島のゴリ底曳き網漁におけるヤマアテとGPS」『日本民俗学』二二六 (日本民俗学会、二〇〇一) などを参照のこと。
9　大野一敏・大野敏夫『東京湾で魚を追う』(草思社、一九八六) 三九・五六頁
10　注9と同じ。五五〜五六頁
11　注9と同じ。五七頁

第二節　船の民俗

船の上げ下ろし―ハマの記憶

ある日、春雄さんの奥さんのサキ子さんから、「オトウ（春雄さんのこと）がハマで船しょってるとこにいっから」と、言伝てを頼まれた。「しょってる」という意味がわからなかったが、急いでいるようだったので聞き返すこともしなかった。要するにハマで観音丸を探せばよいと思ってそちらへ向かったら、観音丸は上架のため、オカに上がっていた。

「しょってる」は、おそらく「背負っている」ということ、釣師浜港が釣師浜であった時代、船を皆で背負って上げ下ろししていたことが言葉に残っていると思われる。それは、釣師浜の古写真を見せられて、気づいたことであった。現在では、船をオカに上げることだけに使用しているが、一方で、船にエンジンをかけ、出港のスタンバイをすることを、「船を浮かせる」と語っている。すでに港に浮かんでいるのに「浮かせる」とはおかしいようだが、これも、写真で見るように、ハマで船を上げ下ろししていたときの言葉が、そのまま使われて残っているのである。

昔のハマでは、船の上げ下ろしには、ソロバンやヒシャと呼ばれる、長さ一間・幅三〇センチのツバキの板の上を滑らして移動させた。ソロバンは一軒で五～六本は必要であった。サメの内臓と廃油を合わせたベトと呼ばれるものを潤滑油として用いて、船をオカに引き上げた。引き上

昔の出漁風景。船を背負って海に出す（相馬双葉漁協新地支所提供）

げるときは、皆でサルマタ一つになって精を出したという。カグラサンやウインチで上げたのは、その後である。

　また、春雄さんによると、時化のときなどの船の出入りには、ナマ（波間）を見るので、恒吉オンツァンなどは、それが上手であったそうである。波を船の後ろへ折らしてから（通り過ぎさせてから）「ナマがかかる」と、それに合わせて船の出入りをしたという。このナマを見るときは、「三枚折らせてから入れ」と言われ、三回の波のあとの弱い瞬間に船をすべらせるのである。波は三回ごとに来るという言い伝えも、日本各地で聞くことができる。

　たとえば、鹿児島県の沖永良部島での、海難除けの「二十三夜」の日、漁師さんが海から潮水を汲むときには、浜へ行き、打ち寄せる波から三度、すくい上げるという。これは自分が遭難したときも三度目の波でオカに打ち上がるからだという（和泊《わどまり》の山畠貞三さん［昭和二〇年生まれ］談）。平成二六（二〇一四）年一〇月一六日に、貞三さんと同行して、二十三夜の砂と潮水を汲みにいったときに語られたことである。

志賀重寿棟梁と出会う

私は昭和六三（一九八八）年に初めて相馬や新地に足を踏み入れているが、そのときにお会いした志賀重寿さんは、春雄さんの父、文雄さんの「兄弟分」の方であったことを、後で知った。相馬市尾浜の船大工、志賀重寿棟梁は、明治四三（一九一〇）年に相馬郡小高町村上（現南相馬市）で生まれた。一六歳のときに宮城県名取市閖上《ゆりあげ》の船大工に弟子入りしている。当時、閖上は東北地方で最も機械船（動力船）を造るのが盛んだったためだという。二一歳で身上がり（独立）してから一〇年間は、北海道の釧路から静岡県の清水まで船大工として渡りあるいて修行を重ねた。木造船からプラスチック船までの変化の激しい時代に生きたために、船大工として苦労のほうが多かったに違いないのだが、志賀棟梁の語り口は実に明るく、心温まるものであった。

たとえば、木材と木材の合わせ目には、相馬地方でマキハダと呼ばれる木の皮などを用いずに、ウルシを用いるが、ときにウルシにまけてしまうことがあった。そのようなときに風呂に入ると、体じゅうがかゆくなって、恥も外聞もなく掻き続ける羽目に至るという。困ったことのもう一つは、船下ろしの日にもあった。相馬地方では、船下ろしの日に、オフナダマ（お船霊）が込められているタツ（船と陸とをロープで結びつけるところ）に向かって神主と棟梁がご祈祷をあげるが、拝みあげるかあげないうちに、彼らの後ろにいた者が密かに手にしていたアラゴメ（籾殻の付いている米）を両者の口の中に詰め込む風習があった。棟梁は何度も経験をしているために、いつも逃げる準備をしていて助かったものだが、長い装束を身に付けた神主は、大勢の者に押さえられて、口の中が籾で擦り切れて血だらけになるくらい、アラゴメを詰め込まれたという。「アラゴメ（荒波）を避ける」ということで、船下ろしには欠かすことができない吉相な慣習であったという。

志賀重寿棟梁（1988.7.11）

志賀棟梁によると、オフナダマは船下ろしの日の前の晩に、棟梁一人か、船主と二人で、丑三つ時（午前二時半頃）の満潮時に船に込めている。ご神体は、和紙で折った男女の人形で、できれば、新造船の船主か漁師の娘、しかも二親のそろった寅年生まれの嫁入り前の一人娘に折ってもらうと良いというが、なかなかそれに該当する女性が見つからなかったという。その

志賀棟梁からいただいたオフナダマ（1988.7.11）

ほかに、方角の良いところにあるヤナギの木で作ったサイコロが二つ、銭が一二枚、それから五穀なども入れる。銭を一二枚入れるわけは、船の場合は潮時が一番大事なために、一年の月の数を祀ったものだという。閏年には一三枚になるわけである。五穀の代わりには味噌を入れることもあった。サイコロの入れかたは「天一・地六・オモテ三《み》合わせ・トモ四《し》合わせ・互いにに（二）っこり・双方ご（五）っそり」という目の向きであるという。これらを、タテ二寸八分・ヨコ一寸六分・奥行き一寸五分~二寸の場所をタツの下の船底の柱に掘って、ここに込める。このサイコロの目を記憶する言葉は、オフナダマを入れるときに唱えるというから、単なる記憶の方便ではなく、唱え言に近い言葉であったと思われる。他の地方では、船大工がゴシン入れのときに唱える「お船霊祭文」の中に、サイコロの目の入れかたを読んだ詞章がある。

船下ろしの当日にオフナダマに供えるものは、一升餅で作った二重ねのオソナエ・米一升・酒一升に、お頭付きの魚と塩を上げる。船下ろしには「一升」（一生）を重んじたという。ほかには、撒き餅とともに、船主の年齢の数だけのオヒネリを用意し、これには金も包まれている。撒き餅は、オモテ（船首）→トリカジ（左舷）→オモカジ（右舷）→トモ（船尾）の順番で撒く。海に入った新造船は、川口明神の前で、オフナダマのいるタツにお神酒を上げ、新しいエナガで潮水をかけ、左回りに三回回って、船下ろしをした港に戻る。その後、「船まつり」と呼ばれる祝宴が終わると、船は船主の所有となるという。

志賀棟梁に二度目にお会いしたときは、廃船から取り出したオフナダマを拝見することができた。「正月のドント祭のときに納めるつもりだったから持っていきなさい」と言われたので、丁重に譲り受けてきた。この人形は棟梁の嫁が作ったものであった。

第十八観音丸の船下ろし

春雄さんの先代から現在までに造船した船は、次頁の表のとおりであるが、いずれもFRP船である。二五～二六歳の頃から初代観音丸を回すようになった。五代観音丸が新造される前年（昭和六三［一九八八］年）に、父親の文雄さんが亡くなっており、翌年の進水式の日に父方の祖母ツネヲさん（明治三三年生まれ）の具合が悪くなり、翌日亡くなっている。

第八観音丸は、第三代あるいは第五代観音丸と組んで、コウナゴの二艘曳き漁を操業していたが、メロウド漁だけは、魚を船に積みきれないために、本家の新地水神丸と組んでいた。これらの船のうち、寅年生まれの妊婦にフナダマ様を作ってもらっていたのは、五代観音丸までである。

春雄さんの造船歴

	船名	トン数	馬力	造船場所	造船時の年齢	備考
初代	観音丸	6.6トン	120馬力	相馬(松川浦)	20歳(1972)	志賀造船
2代	観音丸	6.6トン	120馬力	大船渡	28歳(1980)	
3代	観音丸	6.6トン	500馬力	相馬(松川浦)	33歳(1985)	松川造船。 原釜の利丸に購買。現役
4代	第8観音丸	3.5トン	180馬力	鹿島	34歳(1986)	佐藤造船。3代・5代観音丸と組んでコウナゴの2艘曳き漁。東日本大震災で被災。
5代	観音丸	6.6トン	800馬力	相馬(松川浦)	37歳(1989)	松川造船
6代	第18観音丸	4.9トン	540馬力	相馬(松川浦)	66歳(2018)	松川造船

平成三〇（二〇一八）年四月七日に、第十八観音丸の船下ろしがあった。前年の暮れ、私が初めて春雄さんの自宅を訪れたとき、すぐにも翌年の船下ろしの写真を撮影してくれないかと依頼された。

小野家には新造船の習俗について、次のように伝えている。新造船に入れる男女一対のフナダマの人形は、先に述べたように、以前は寅年生まれの妊婦さんに紙で折って作ってもらったという。春雄さんの祖母のツネヲさんは、初代から二艘目の観音丸のときに、該当する女性を探しあるいたという。人形を作るときに、男は見るものではないとも伝えられている。しかし、現在のオフナダマの一対の「おひな様」は、造船所で外注して、両親が欠けていない女性に折ってもらっているが、その御礼として船主が五千円を渡している。「おひな様」は、船の舳に位置するタツの下に、「船玉入れ」のときに込められるが、そのほかに五穀（米・麦・粟・稗・豆）と「船玉銭」が「一二文」（一〇円玉一二枚のこと）、それに供えるための塩が小皿に少々用いられる。

実際の「進水式」には、オソナエとして大きな餅を三重ね一組、小さな餅の三重ねが三組用意される。ほかに、白米を一升、野菜

（ニンジン、ゴボウ、ダイコン、ネギなど）のうちから二品、お神酒を一升、「オカケ魚」として鱗のある魚二匹（このときはアイナメ）が用意された。これらの品は、いずれも船主の家で用意され、進水式に「投げ餅」が始まる前に、タツの前に供えられる。さらに、造船会社の従業員への御礼として、缶コーヒーなどを入れた一箱に、一〇トン未満の新造船の場合は二万円、一〇トン以上の新造船の場合は三万円を用意しておく。船上では、棟梁を中心に船主など、奇数の人数が乗船して儀礼が行なわれた。棟梁に春雄さん、智英《ともひで》さん（船主・春雄さんの長男）、万吉さん（春雄さんの叔父）、操《みさお》さん（春雄さんの義兄）の五名であった。

造船所での撒き餅（2018.4.7）

　その後に行なわれる「撒き銭」と「撒き餅」は、この五名によって造船所と釣師浜港に初めて着岸したときの二度行なわれる。船主が三三歳以下であれば三三枚以上、三三歳以上は、年の数だけ撒かれる。小野家では、たとえば船主が三〇代の年齢であれば、四〇枚とされている。また、船下ろしのときに柿の実を撒くのも、新地の浜の風習である。第十八観音丸の船下ろしにおいても、干し柿をビニール袋に入れて四〇個が餅と共に撒かれた。柿は、魚を船に「かきこむ」ということで、縁起物にされている。

また、撒き餅に餡を入れているのも新地の特徴である。建て前（新築祝い）でも船下ろし（進水式）においても、撒き餅を拾った家でその餅を焼くと、その家が出火するという言い伝えがある。投げ餅はそのままにしておくと固くなり、ついつい焼き餅にしてしまうことが多い。春雄さんの母親のハナイさん（大正一二年生まれ）は、そのために、最初から投げ餅に餡を入れて、拾った家で、すぐ食べてもらうように工夫をして、それから釣師浜や大戸浜に広まったという。火事は集落全体の災厄になるとはいえ、他者の家の安全のことまで考えた発案であったことには注意される。この釣師浜や大戸浜は、今でもユイコと呼ばれている慣習が生きているからである。

相馬市原釜の松川造船から進水し始めた第十八観音丸は、春雄さんの友人の藤原最信さん（出羽三山の修験者）の吹く高らかなホラ貝の音と共に、レールの上をすべっていって海に浮かんだ。初めに原釜の前の海で左回りに三回回り、潮水とお神酒でコベリに沿って祓ったのち、釣師浜港へ向けて船を回した。以前の慣行では、船下ろしをした船は、その年のうちに、必ず金華山参詣をしたものだという。

船下ろしの披露宴

東日本大震災（平成二三［二〇一一］年）以降に新造船に替えたのは、①渡辺金栄丸、②小野金毘羅丸、③菅野薬師丸、④浜野金毘羅丸の順であったが、船下ろしの儀礼は行なっても、披露宴は遠慮されていた。震災から七年目を迎える平成三〇（二〇一八）年には、そろそろ披露宴も始めてはということになり、第十八観音丸から行なうことになった。同年に船下ろしをした第二海幸丸も披露宴を開いている。

春雄さんと最初にお会いしたときに、第十八観音丸の船下ろしの話が出て、写真撮影を依頼されたことを先に述べたが、それが、いつのまにか翌年の四月から新地に移り住むことになり、船下ろしの披露宴の司会まで頼まれてしまった。親戚や漁師さん仲間が大勢集まるなか、私にとっては、自分を紹介する良い機会ともなり、一種の通過儀礼のようなものであったが、その分、重圧感もあった。第一、司会を漏れなく進行することばかりが頭にあって、その披露宴自体を記録に残すことさえ失念して、当初からノートもカメラも録音機も持っていかなかったのである。

宴席の司会進行は滞りなく進めたつもりだが、

第18観音丸の進水披露宴には、壇上に私が贈った大漁旗が貼られた（2018.4.7　寺島英弥氏撮影）

一連の挨拶の儀礼が終了した後、午後一時から夕暮れまでは、カラオケの連続であった。私は、そのリクエストの受付と、名前と曲名と順番を覚えておき、紹介するのが主なる仕事となった。「いつになったら、曲がかかるのか！」という、出番を待っている方からのクレームに対応する必要もあった。司会とカラオケ係の兼務の午後が過ぎていった。会場正面のステージには、私がこのときに贈った「第十八観音丸」の大漁旗が一面に貼ってあった。

第十八観音丸の進水披露宴の場合の式次第は、次のとおりである。開会の後、来賓祝辞として相馬双葉漁協新地地区組合長の小野重美氏（新地水神丸）、その後、船主の小野智英さんからの謝辞があり、新地地区船主会長の小野正利氏（小野金毘羅丸）の音頭で乾杯をした。少々の祝宴の後、新地町恒例の「初セリ」を相馬双葉漁協新地支所の販売人であった菅野幹雄氏（菅野稲荷丸）から、かつてのセリの真似を縁起物として再現した。あらかじめ、二枚の縦長の紙が祝宴場の舞台に貼りだしておき、それには「祝進水　一、金一八五〇二六（第一八観音丸・漁協の船番五〇二六）三五七《さかな》　八《すえひろがり》　円也　御神酒二升五合《ますますはんじょう》　平成三〇年四月吉日」と「祝進水　第十八観音丸に魚満杯末広がり　御神酒小野家益々繁昌栄えあれ　平成三〇年四月吉日」と筆で書かれていた。このように書かれた文字が「販売人」から読み上げられ、「セリ」が終了すると、「大漁祝唄」が同じ菅野さんによって歌われた。出席者の全員は、配られていたタオルで鉢巻きをして、起立して掛け声をかけ、音頭をとりながら合唱した。「大漁祝唄」の詞章は、次のとおりである。

一、ヤレ朝の出船は　船灯り赤々と　銀鱗はねのけ　ヤノ出船ダェー　オエーエーンエンササ

エン

二、ヤレ沖も沖だよ　いなさの風だよ　カモメ群れとぶ　ヤノ漁場ダェー　オエーエーンエンササエン

三、ヤレ金華の山はよ　黄金の山だよ　ボンデン見つけて　ヤノ網を引く　オエーエーンエンササエン

四、ヤレしばれる手をとり　仔持ち小かれいが　網の目の数　ヤノ大漁船　オエーエーンエンササエン

五、ヤレ戻る船にはよ　宝を授けて　船頭乗るも　ヤノ喜べ　オエーエーンエンササエン

六、ヤレ港に着けばヨー　妻子の顔を見て　笑顔をたやさず　ヤノタルを引く　オエーエーンエンササエン

七、ヤレ船玉様にも　御神酒をささげて　酒をばくみかわし　ヤノ恵比寿顔　オエーエーンエンササエン

ヤノ五色の旗を　オエーエーンエンササエン　ヤノ大漁船　オエーエーンエンササエン

ソリャホリャドットホリャ　ホリヤササラー　ソリャホリャドットホリャ　ホリヤササラー

この詞章からは、「仔持ち」のカレイなどをタルに入れて水揚げしていた時代を思い起こされる。その後もカラオケを交えた祝宴が続き、新地地区青壮年部長の寺島一雅氏（新地明神丸）の閉会の辞、万歳三唱で披露宴を終えた。

第三節　祭礼・講・年中行事

新地のアンバさま

私が初めて、新地町へ足を踏み入れたのは昭和六三（一九八八）年の四月末のことであった。四月二九日に宮城県丸森町大内の松澤山不動尊の祭日に、気仙沼から車で駆け付け、翌三〇日には国道一一三号線を東へ向かい、福島県相馬市へ出てみた。相馬市の原釜周辺にアンバさまが幾つか祀られているので、そのことについて調べておきたいことがあったからである。

丸森から相馬まで三〇分ほどで到着したのだが、春の陽に光輝く松川浦を見下ろすところに出ると、車の中でぼんやりとしていたい気持ちになった。前夜の祭りは火渡りの神事も含んだ、修験道の儀礼をよく理解できるような内容であった。その興奮がまだ覚めやらないうちに移動してきたことに、幾分後悔しながら、別の調査のために重い腰を上げたわけである。

その帰り道に、新地町の大戸浜のアンバさまにも立ち寄った。他の地方と同様に、ここでもアンバさまのご神体は神輿であり、「若木大権現《おさなぎ》」という疱瘡《ほうそう》神の石碑のそばにある。「若木大権現」は嘉永七（一八五四）年二月に、村内の講中で建立した碑であった。近世の江戸を席捲した、疱瘡を除ける神様としてのアンバさまの神輿の流行が、この新地で再確認をした記憶がある。

そのときには詳しく尋ねることさえできなかったが、大戸浜の寺島正志さん（昭和七年生まれ）によると、カレイ・ホッキ貝・シラウオなどの漁の仕事が疲れてくると、誰かれとなく示し合わせたように「そろそろアンバさまが下がるころだなぁ」と言い合ったという。間もなく、漁協の青年会の幹部たちが山に行って門松を伐ってきて、夜のうちにハマの中央に和船の櫓や帆柱、

かつての釣師浜の集落と大戸浜のアンバ様（1988.5.1）

安波神社の祭日。神輿が集落と浜をねりあるく
（相馬双葉漁協新地支所提供）

ホッキ漁に使うマンガなどを重ね、その上に門松を立てておいた。さらにアンバさまの神輿を上げておくと、「アンバさまが下がったから休みだ」と言って、翌朝は海に出る船はなかった。これは戦後も行なわれていて、最後は神主が来てお祓いをしてから、皆で片づけたという。

アンバさまが祀られている安波《あんば》神社の祭日は一一月三日であり、五年に一度は神輿の巡業と浜下りが行なわれていた。漁協主催であるが、この定例の祭りの主体も、五五歳までの青年部である。アンバさまの神輿が回る順序は、釣師浜→大戸浜→中磯の順であり、中磯の浜まで出て神事があったが、震災後は取り止めている。ハマでは神楽の奉納もあり、最後は神輿を海に入れる浜下りがあった。アンバさまという神様自体が一カ所に鎮座していない神様だと伝えられている。

金毘羅講

新地の浜に暮らす人々が集う機会は、ほかにもあった。「金毘羅講」と呼ばれる社会組織は三組ほどあった。一つは釣師浜・大戸浜の者だけでなく磯（宮城県）から一名・組合職員二名も加入していた約二〇人のグループ、ほかにフナカタを中心とする約一〇人のグループが二つあった。旧暦一月一〇日を皮切りに、三月一〇日と一〇月一〇日の、年に三回、ヤドに集まった。二〇人のグループでは、ヤドは屋棟の並びに、釣師浜→中磯→大戸浜→釣師浜の順で、輪番であった。磯の講員は、遠い場所なので輪番をはずした。ヤドを提供する家の者と、前回にヤドを提供した家の者、次回にヤドを提供する者の三人がテーカタ（亭方）と呼ばれ、料理番などの講員のお世話をした。

夕方五時に講員の皆で、アンバ様と金毘羅様を参詣してから、ヤドに行った。ヤドの玄関で塩と水で口をゆすいだ後、神棚にローソクを立ててさらに拝んだ。垢離《こり》をとる水をたたえたバケツをローカに置いておくというから、一種の精進でもあった。講中の長の挨拶の後、船下ろしの祝宴と同様に、乾杯→模擬のセリ→宴会→唄い込みの順序で行なわれる。この「大漁唄い込み」（一三八頁と同じ）が終わらないうちは、講員は博打もできず、自由に帰ることもできなかったという。この唄は以前、講中だけで歌っていたものである。平成二〇（二〇〇八）年の第二水神丸をヤドにした金毘羅講の写真記録では「金毘羅講祝い唄」という歌詞カードが配られている。模擬のセリは、震災一〇年前から始めている。その後は、飲み会や花札などの博打などが続き、夜になると酒を飲む人たちと博打をする人たちと別の部屋に分かれてすごした。以前は、風呂場にドブロクを作って

金毘羅宮の掛け軸の前で「祝い唄」が歌われる
(2008.2.16　岩崎真幸氏撮影)

おき、風呂場まで飲みにいって、座敷に戻ってきたものだという。

また、四年に一回くらい講中仲間で、いわき湯本の金毘羅神社や、山形県の善宝寺に神参りに行っている。二月頃の、あまり漁のない時期に行なった。参詣から戻ってからのオヤマオロシと呼ばれる宴会は、講中の日に行ない、盛大であったという。オヤマオロシでも、模擬のセリと「唄い込み」だけは必ず行なったという（菅野幹雄さん［昭和二二年生まれ］談）。

以前はテーカタ（亭方）でお膳の準備をしたが、当時は小野家でも三〇膳くらいはあり、料理を出した。最近は仕出し屋に料理を頼んでいる。昔の家では、八畳間が二部屋あるくらいの大きさだったので、集まりが可能であった。博打自体はパチンコ店が近くにできてからは、下火になった。春雄さんのグループで、最後にヤドをしたのは、第一東栄丸であった。「金毘羅講」のヤドはフナカタの一種の娯楽場の意味も十分にあったものらしい。

金毘羅講では、代参も行なったらしく、今でも釣師浜港に繋がれる漁船には、四国の金毘羅神社の旗を掲げている船が多い。

浜の年中行事

浜での生活においてハレの日でもあった船下ろしやアンバさまの祭り、金毘羅講と共に、各家を中心とした年中行事も多彩であった。現在は継続している漁家は少なくなったが、新地の浜の年中行事について列挙しておきたい。

●年越し（一二月三一日）

年越しの晩に、その家の長男坊が、「仔持ちガレイ」を神棚に上げた。一二月に仔を持つカレイは、イシガレイ・マコガレイ・アカジガレイなどである。この日、家族それぞれの財布や貯金通帳を集めて一升マスに入れ、年越しのお膳を食べるときまで神棚に供えておく。

中磯の菅野幹雄家（以下菅野家）では、オナゴマツの枝が三本・五本・七本のものを探しておいて松飾りとした。神棚にお膳を三膳上げ、お膳には、筋子、煮魚（仔持ちのイシガレイ）と、お煮しめの上に焼き魚を載せたもの、刺身、漬物（タクアン）、ご飯、吸い物の七品を上げた。タクアンは一二月になって漬けたもので、お正月に上げてからでないと初物は食べられなかったという。操舵室のフナダマ様にもお膳を上げ、船のオモテとトモにも上げた。サンゴウサカナ（三種類の魚）とお酒、塩、イチョウ切りにした生ダイコン五キレ、削り節の七品を載せた膳を上げている。

●一月一日

正月三ガ日は、朝夕に神棚にお膳を上げる。釣師浜では、あまり元朝参りの風習はないが、小野家では何年か続けて宮城県の塩釜神社へ行ったことがある。その後は、春雄さんの「兄弟分」である寿久丸《じゅきゅう》の船主に勧められて、船主の檀家である、相馬市岩子《いわのこ》の長命寺に何年か通ったこともあるという。宮城県岩沼市の竹駒稲荷は、旧二月の初午に参詣していた。

●一月二日

出初め。各船が夜明け前の暗いうちから大漁旗を上げて、オキに出て、船を三回、左回りで回

釣師浜港の出初め（2020.1.2）

り、太陽が昇るタツミ（南東）の方向へ舳先を向けて止める。シオ水でオモテからトモまで、コベリを清めた後、お神酒でさらに清め、乗組員全員が舳先から手を合わせて拝む。お神酒をいただいてから帰港する。

●一月七日

「七草たたき何たたく　とうどの鳥の飛ばらぬうちに　ストトンストトン」と語って、七草をたたく。小野家の七草は、粥ではなく、お雑煮に近いものにご飯を少々入れたものを神様に上げて、皆で食べる。セリなどの青い野菜にゴボウ・ニンジン・ダイコン・アブラゲ・シイタケ・鶏肉の七品を入れ、餅とご飯を入れる。鶏肉は雑煮と同様に、ウミドリを用いた。この七草を経ると、カレーライスなど、ご飯を汚す食事が許されるという（小野サキ子さん〔昭和三四年生まれ」談）。新地には「正月七日前にご飯に汁モノをかけて食べると、祝い事のときに雨が降る」という言い伝えもある。肉も以前は正月七日を過ぎなければ食べられなかった。なお年中、赤飯の上には何かを盛って食べられなかった。

●一月一一日

ノノハダテ。中磯の菅野家では、この日、田に行き、松飾りを田に立て、豊作を祈願する。その後、四方に米を撒き、その四角を田に見立てるという。震災後も、毎年続けている。

●一月一二日

農初めの儀礼―ノノハダテ（2019.1.11）

餅つき。団子さし。稲穂つくり。

●一月一四日

あかつき参り。箕に下ろした門松を入れて、「鳥追い」をしながら家族そろって氏神様へ納めた。「鳥追い」のときは、「ヤーホイホイ」と語った。小豆粥も食べる。大戸浜では、前日の晩の一一時頃から小豆粥を焚き始め、子どもたちも午前〇時を過ぎると起こされ、家族一同でオカコ（神棚のある部屋）を清め、「モチの鳥、ホーイホイ」と語りながら、氏神や山の神さま、熊野神社へ参拝したという（寺島敏子さん［昭和一三年生まれ］談）。

正月には、浜の二五歳の厄年の男性がいる家では、厄祓いをした。二五〜四五歳までの男たちが二〇人くらい、床の間や神棚のある部屋に集まり、オガミコ（神様を拝むこと）をして、自分たちで料理をして一週間ほど籠った。その家（ヤド）では、集まった男たちが飲んだりバクチをしたりして遊んだ。バクチは、メクリ（花札）を用いてオイチョカブ・アトサキ・アオタン・アカタンなど、サイコロ（チョボイチ）もしていた。このような厄年の家を探して、まったくその家に関係のない男まで集まってきたという。さらに、トイチ（一割の利子）でお金を貸す者まで現れた。バクチに勝った者は、テラセンとしてヤドに置いておくことも習わしとしてあった。船を海に出せない冬季、当時の一種の娯楽施設の代わりをなしていたという。

今泉では、青年部が神楽をしながら厄年の家を回った。また、子どもたちも大人も、厄祓いにあるくカセドリ（一八八頁参照）の後を追いかけて、「株」と書かれた紙などを配ってあるき、お礼に菓子をいただいたりしたという（菅野幸一さん［昭和二二年生まれ］談）。

●一月一五日

集落民の厄祓い。今泉では、厄年の人を公会堂に招待をして、神楽で厄を祓ってもらった。

●二月三日

豆まきの日。イワシの干物を豆殻に挟み、戸の開かるところすべてに刺した。中磯の菅野家では、一升マスに豆を入れ、神様に上げた後、「奥のソーゼン、カントのソーゼン、トコロのソーゼン、三ソーゼンに上げ奉る」と一回唱えてから、「福は内、鬼は外」と語りながら、一升マスの豆を撒いた。

●三月三日

「花餅」つくりをして、それを食べた。花餅とは大福の上に食紅を付けたもので、その日のご飯粒も青色か黄色の色付きであった。

●五月五日（旧暦）

オセック。ショウブとヨモギを軒下に刺し、柏餅をつくり、アンコとユベシミソを入れる。シヨウブ湯に入り、ショウブで鉢巻きをした。

●五月中

田植え終了後にサナブリ。一株を神棚に上げ、サナブリ餅を供える。

●八月一日

以前はこの日、漁船で五時間くらいかけて金華山に参詣に行った。帰りには、宮城県石巻市の「川開き」の祭りだったので、石巻沖に船を止め、花火を見てから、船で一泊して翌朝に戻ってきた。後にこの日は新地町主催のイベント行事に当てられたので、それからは参詣が途絶えた。

●八月一三日

盆の墓参りは、以前は八月一三日に、暗くなってから提灯を持って行った。現在は次第に時間が早くなり、午前中に行なう家が増えた。春雄さんが少年の頃、この日の夕方にお墓参りをした後に、町の「亀屋」という店で花火を買ってきて、迎え火をしながら花火を楽しんだという。迎え火（タイマツ）は、松の木を燃やし、盆月（八月）の一三日・一四日・一五日・一六日・二〇日・三〇日の六回焚く。

中磯の菅野家ではこの日、コモングサ（ボングサ）で、頭を三角にしたウマを作って、屋根に上げた。また、ヤナギの皮をむいて、ボンバシ（盆箸）を二膳作り、柱にしばっておいた。ボンバシは乾いて、まっすぐになった。この箸で一四日に作るアンコ餅をからめたものだという。

●盆行事

お盆のときには必ずホウズキを仏壇に下げるが、これは「提灯」に見立てたものだという。盆棚は新盆《にいぼん》の家だけが作る。新盆の家では、戒名が書かれた長い提灯をつるし、高灯籠も立てる。以前は死者が亡くなってから三年間は立てるものだといわれ、柱の上のほうに一年目であったならば杉の葉を一把、二年目ならば二把、三年目であれば三把を付け、誰でも判断できたという。また、一四日と一五日の夜には、お墓に上げた提灯を釣師浜に集めて、そこに櫓を立て、集めた提灯を飾って盆踊り大会をした。盆踊り唄（「相馬盆唄」）を歌い、太鼓や笛もそれに合わせた。春雄さんも中学生のときに、この大会で踊り、優秀賞を獲得して、当時は高価だったマットレスを賞品にいただいている。

盆中の儀礼食は、中磯の菅野家では一四日の朝に餅をついて、お墓に持っていく。一五日はウドン、一六日にアンコ餅やズンダ餅を作って墓に持っていった。盆中は、ホトケさまと無縁さまへ二膳上げた。

●**八月一六日**

盆流しの日。釣師浜では、キュウリでウマを、ナスでウシを作って、以前は川や海に流した。ウマは早くご先祖さまが来るようにという意味（中磯では一三日にボングサでウマを作っている）、ウシはゆっくりとご先祖さまが帰ってくださいという意味、ウシにだけ盆の供物を背負わせて流す。中磯の菅野家ではこの日、海難者の供養もしている（一九一頁参照）。

移転集落に立てられた高灯籠（2018.8.13）

●**八月一五日（旧暦）**

十五夜。ススキ・ハギを一升瓶に刺し、栗・果物とサツマイモ、団子を供える。

●**九月一五日**

イモゲッツァン（イモ名月）。サツマイモを上げる。

●**九月一八日**

お十八夜。餅を搗く。

●一〇月一〇日
ダイコンの年取り。
●一〇月一五日
マメゲッツァン（豆名月）。枝豆を上げる。
●一〇月中
稲刈りを終えると、稲穂の付いた最後の一株を神棚へ上げる。カッキリ餅を食べる。
●一〇月二〇日（旧暦）
エビス講。神棚へ丼にフナを二匹入れて二膳を上げる。原釜では、乗子にお金を配った。
●一一月三日
安波津野神社の祭典。

小野家の墓参り

平成三〇（二〇一八）年から三年間、春雄さんの家の墓参りに同行したが、ほぼ表のような順番で墓参りが行なわれた。昼でも提灯を持って墓参りをしたのは、二〇一九年までである。

墓地のうち、大戸浜共同墓地には、以前から大戸浜だけでなく、釣師浜などの家の墓地もあり、高台にあったために東日本大震災の津波では流されなかった。全一六六基のうち、大戸浜一三六基、釣師浜二八基、中磯二基である（二〇一九年一〇月五日の墓地調査による）。

新地町岡《おか》の龍昌寺（小野家の菩提寺）にある釣師浜関係の墓地は新しく、以前は釣師浜の北畑墓地にあった一〇基が津波で壊滅し、震災の翌年の春彼岸に、残された墓石を集めて組み重ね、供養をした後、近くの一画に新しい墓地を造成したものである。春雄さんの父方や母方の叔父などが眠る墓が多いので、必ずお参りを続けている。宮城県山元町の磯は、震災で亡くなられた叔母の嫁ぎ先がある地区で、近隣なので、こちらへも必ず立ち寄っている。春雄さんは、親戚だけではなく、隣組の家の墓、父親の「兄弟分」の墓や、友人の墓にも手を合わせている。

春雄さんの墓参りの順番と対象墓

墓地名	墓参りの順番	春雄さんとの関係
大戸浜共同墓地	①小野文雄・常吉	父・弟（小野家の墓）
	②小野芳治	父方祖父の兄弟の子
	③小野利雄	本家（母方の叔父）
	④小野恒三	母方の叔父
	⑤前沢貞一	ヤリ町時代の隣組
	⑥前沢正一	ヤリ町時代の隣組
	⑦小野範雄	父方祖父の兄弟の子
	⑧濱野萬吉	父親の兄弟分
	⑨「流船供養塔」	海難者の供養碑
龍昌寺	⑩小野万平	父方祖父の兄弟
	⑪小野トモ	母方叔父の配偶者
	⑫小野芳雄	父方の叔父
	⑬小野リン子	母方叔父の配偶者
	⑭松下茂雄	親戚の家大工
	⑮後藤和夫	友人
磯共同墓地	⑯猪俣ツメ子	母方の叔母
	⑰門間貞一	友人

契約講と葬制

釣師浜では、以前は「釣師北契約親睦会」と「釣師南親睦契約会」という二つの「契約講」があって、葬式の準備などは講員が手伝いに行っていたという（注1）。一五九戸があった釣師浜では、契約講の班は九班くらいあったが、震災

契約講で葬式に使われた道具（2020.8.13）

で集落が消失したことで「契約講」は解散した。春雄さんの加わっていた契約講は、ヤリ町の一三軒と、少し離れた道路沿いの六軒で構成されており、必ずしも軒並みに組まれているわけではなかった。

大戸浜共同墓地は被災を逃れたが、以前は敷地の一画を焼香場として使用しており、「共同焼香場」の小屋も立っている。春雄さんの父親（一九八八年没）と祖母のツネヲさん（一九八九年没）の葬儀は、ここで行なっている。「共同焼香場」の小屋には、以前から使用されていた棺箱やリヤカー、道具箱、箕、箒などの共同の葬儀道具が置かれている。班の中で死者が出ると、穴掘りや棺を担ぐ六尺などの重役を決め、葬家の手伝いを始めた。棺箱はリヤカーでも移動したが、以前は棺桶にオミコシを被せた。

葬列は、釣師浜から大戸浜墓地へ行くときは釣師橋を渡り、帰りは少し下流の月見橋を渡って左回りに帰ることになっており、同じ道は通らなかった。葬列は焼香場前の広場で右回りに三回めぐって到着し、葬儀を終えて焼香場から墓地へ向かうときにも右回りで三回めぐる。その出発のときに使われる箕は「逆さ箕」と呼ばれ、契約の講員が一人、頭にかぶって回る。また、棺箱の前で撒き銭をするときにも、その箕に入れて撒かれた。

東日本大震災による大津波で釣師浜の集落と共に「契約講」も消滅したが、現在は、移転した各集落それぞれの方法で、葬儀に対応している。春雄さんや私が住んでいる神後北《じんごきた》では、葬家を基準に、回覧板が回る順序の逆にさかのぼり、五軒が葬儀のお手伝いをすることになった。

横のつながりと「兄弟分」

釣師浜港では水揚げや網作りなどのユイコの作業のときなど、改めて「手伝うから」と語って加わる者もいないし、「頼むから」とお願いする者もいない。当たり前のように、ほかの船の仕事に移行していることに、当初は戸惑いを感じたものだ。

それは、通常の生活でも同様で、手紙にたとえれば、すべて「前略」と「後略」の行動なのである。仙台から新地へ通って調査をしていた時代も、挨拶なしの別れが、逆に気にかかるほどであったが、実際に住んでみて、それが、ここでは当たり前であることがわかってきた。つまり、挨拶が不必要なほど、横の結束力が強いのである。

ところが、春雄さんにはもう一つ、ときどき原釜（相馬市）まで手伝いに行っている船がある。原釜の寿久丸である。船主の鈴木一秋《かずあき》さん（昭和二四年生まれ）とは「兄弟分」の関係で、この社会慣行も、相馬・新地地方ではよく聞かれる。寿久丸には現在、春雄さんの次男の晋弘《ゆきひろ》さんが

「乗子」として働いている。

春雄さんの父の文雄さんにも二人の「兄弟分」がいた。一人は原釜の船大工の志賀重寿さんで、私は三〇年以上も前に、この棟梁とお会いして話を聞いている（一三〇頁参照）。もう一人は近所にいた漁師さんの濱野萬吉さんで、春雄さんの家族と共に盆の墓参りにあるいていたときに、同じ墓地の彼の墓を教えられた。亡くなった父親の「兄弟分」にも、毎年、墓前で手を合わせている。

「兄弟分」は一年に一回、集まってイッペエ会（飲み会）を開くくらいで、後は困ったときの相談や、冠婚葬祭のときの手助けなど、これもまたユイコと同様に、ハマの生活には欠かせない繋がりであったと思われる。ユイコはそのときの状況に応じた流動的な人の集まりであるのに対して、「兄弟分」は生涯にわたる友人関係を保っているようである。

注1　新地町史編纂委員会編『新地町史　自然・民俗編』（新地町教育委員会、一九九三）一九八〜二〇〇頁

第四節　海難と流船供養

流船供養塔

漁師と船との関わりを考える上で大事な、海難者の供養碑が大戸浜にあり、それには「流船《りゅうせん》供養塔」と刻まれている。船と海難者とを一体として供養するという意味を込めた、珍しい呼称の供養碑である。津波が来る前の「冲出し」する心性の基盤も表現されている碑銘であるが、本来は明治三五（一九〇二、月日不明）年の海難事故で亡くなった死者一六名を供養したものである。さらに、この「流船供養塔」の手前には、明治三五年から平成二三（二〇一一）年の東日本大震災までの一〇九年間の、一〇件の海難事故による、三〇名の死者の名前だけが刻まれている石板が立てかけられている。昭和六三（一九八八）年に「流船供養塔移転世話人会」によっ

被災した新地の浜に建つ「流船供養塔」（2018.3.18）

て作られたものだが、平成になってからの三件三名の死者も加えられている。

「流船供養塔」自体はハマの近くに建てられていたが、昭和六三年に松鳳山永別堂のある釣師浜墓地に移され、それがさらに東日本大震災で行方不明になり、探し当てた後、平成二九（二〇一七）年の三月に、津波で弟を失った春雄さんが声がけをした「大戸墓地移転設置世話人」四名によって、大戸浜の墓地に再建された。「流船供養塔」にとっては、二度目の移転であった。

ここに刻まれた一〇件の海難事故については、明治三五年と三八（一九〇五）年三月二七日、大正九（一九二〇）年一〇月一五日という三件の海難事故を除き、昭和や平成に入ってからの七件の事故については、口承でも伝えられている。春雄さんによると、それぞれの海難事故の聞き伝えは、次のとおりである。「福島民報」の新聞記事と合わせて述べておきたい。

続く海難事故

昭和一二（一九三七）年三月一七日の死者一名の事故は、なごすかった（ベタ凪の）日だったという。突然の春の暴風で、「新地村字釣師浜では十五隻出漁中四隻が不明となった」（注1）という。近辺の原釜の船を合わせると、当初、三一隻の漁船と八八名の乗組員が行方不明と報道された。

昭和三五（一九六〇）年一〇月二九日の事故は、タコカメ漁（タコツボによる延縄漁）の船であった。やはり、海がなごすかった日であったが、ジョウロ（栓）が抜けて水船になったと伝えられ、死者は四名に及んだ。そのうち一名に関しては遺族の意向と思われるが、流船供養塔の石板には刻まれていない。

「福島民報」の記事では、この事故を、次のように報じている。

二十六日から三日間も海がしけて休んでおり、二十九日はカラリとした秋晴れの静かな海とかわったので「きょうこそは」と大漁を夢に描いて普通は二百個のタコつぼを積むのに休んだ分をばん回しようと三百個を積んで出発したもの。遭難地点は潮の流れの早い難所なので転覆したらしいと相馬市新地漁協組ではみている。（注2）

春雄さんが子どもの頃の出来事であり、浜に松明を焚いて、皆が集まっていた記憶がある。死者の一名は、船のオモテにある小柱に自分の体をしばっていたそうであるが、これは、たとえ船が沈んだとしても遺体が行方不明にならないための所作であった。春雄さんによると、一世代前のフナカタは、刺青《いれずみ》をしていた者が多かったというが、それは海難事故で身元がわからなくなるくらい傷《いた》んだ遺体になったときに、その個人名を明らかにすることができるためだったという。船のオモテに自分の体をしばる行為は、東日本大震災の場合にも見受けられた。新地町の北隣の宮城県山元町磯で、津波で亡くなった漁師の夫人が、次のようなことを語り残している。

舳先の分断された船に、夫はロープでぐるぐると体をまきつけていたんです。（中略）夫は最後まで船と一緒でした。ロープであの体をぐるぐる船にまきつけるときの夫の気持ちを思うと、胸がはりさけるようです。（中略）夫の船は、第三共徳丸です。それで、戒名も船の名前

をとって下さって「共徳院聡恵日義居士」です。（注3）

海難を覚悟したときに、船のオモテの小柱に我が身を結び付けるという伝承が東日本大震災まで生きていたとともに、「冲出し」という行為にも通じる、漁師と船との一体感を考えさせられる。また、双方の例ともに、遭難した船のオモテの小柱や舳先に自分のからだを縛り付けていることも一考させられる。この船の場所が確実に伝承されていたと共に、この舳先の下にはオフナダマが祀られていることも、漁師の船との一体感を表わしている。オフナダマに加護を求める行為であったのかもしれない。

続けて、昭和四二（一九六七）年三月二二日の死者一名の海難事故は、カレイの刺し網漁において、船上で網を移動中のときの事故で、他の乗組員が気づいたときには網だけ残っていて、いつ船から落ちたかわからなかったという出来事である。

次の、昭和五五（一九八〇）年一二月二四日の、「爆弾低気圧」（「南岸低気圧」あるいは、俗に「クリスマス台風」）では、仙台新港の付近で、前日から網起こしをしていた新地の船が遭難した。三名の遺体は上がっていない。「福島民報」の記事によると、「三人が乗り組んで二十三日午後七時ごろ出港、カレイ刺し網漁に向かった。二十四日早朝から高波にもまれ、航行不能となった。近くをパトロールしていた海上保安部の巡視船「いわき」が救助に向かい、午前中は海福丸を確認していた。しかし視界が悪く、午後一時半ごろ、突然無線が途絶えた」（注4）と報じている。

平成に入ってからは、一八（二〇〇六）年二月一二日に、シラウオの刺し網漁に出ていて、一名が船上で、心筋梗塞で亡くなっている。

次の平成二一（二〇〇九）年八月二三日の事故は、ホッキ巻き漁で、操業中の機械が壊れ、ワイヤーが胸に強く当たって、一名が死亡している。「福島民報」には、「前沢さんは一人で乗船し、同日午前五時頃からホッキ漁をしていたが、漁で使う「マンガ」と呼ばれる漁具が海底の何かに引っ掛かったことから船が急停止し、衝撃で船橋後部で操船していた前沢さんが船橋構造物に左胸部と左腹部を強打したとみられる」（注5）と報じられた。「海底の何か」とは、言い伝えでは、テトラポッド（消波ブロック）であったという。「流船供養」の対象は、狭義の「海難事故」だけではなく、船の上で不慮の事故に遭った場合も含められていたようである。

そして、平成二三（二〇一一）年三月一一日の東日本大震災の津波で、「沖出し」中に転覆した二艘のうち、亡くなった一名がいる。春雄さんの実弟、小野常吉さんのことである。震災による死者として、町の慰霊碑に名前が刻まれているとともに、この「流船供養塔」の石板にも名前が刻まれている。「流船供養」が船と共に亡くなった死者を祀る以上、「沖出し」による死者が、津波による他の死者とは区別化されていたことがわかる。また、「流船供養」は、漁師が船上で亡くなった場合の事故死者を対象としていたことも改めて理解される。

ほかにも、流船供養塔には何らかの理由があって刻まれてはいないが、アナゴ漁に行って、船だけ磯（宮城県山元町）の防波堤に上がっていた事故や、サヨリの二艘曳き漁で、ぶら下がっていた（船上から用便をすること）ときの落下事故があり、それぞれ一名ずつが亡くなっている。

これらの自然災害も含めた海難事故が、日常と非日常のあいだに位置するくらいに頻発していたわけであり、そのような状況に漁師たちは関わらざるを得ない生業の位置にいることを再認識しておきたい。

トカキにかけられる

次に、漁師たちは海難事故などの「災害」を、どのように捉えているか、その災害観について、入り込んでおきたい。

漁師にとって「災害」は、一般的に「大漁」が継続している状況とは正反対の位置として考えられている。春雄さんによると、母親のハナイさんは、よく大漁が続くと、「トカキにかけられるから気を付けろ」と言われたという。「斗掻《とかき》」とは、升に盛った穀類を、升の縁なみに平らにならす短い棒のことで、「トカキにかける」とは、その棒で均《なら》すことを指している。つまり、人知を超えた存在から平均化されることに例えて語られていた言葉であり、「大漁が続いた後には、何か不幸なことが起こる」ことを意味しており、あまり調子に乗らないようにと戒める言葉でもあった。

宮城県の気仙沼地方では、「トカキにかけられる」とは、人間が亡くなったときに使われ、死はどんな人間でも避けることができないことを表現している。よく三陸沿岸で、津波に関して語られていた「イワシで殺され、イカで生かされる」という言い伝えも、津波の前はイワシの大漁で浜は沸き、津波の後はイカの大漁で復興したことを語っている。大漁の後には、多数の人命が失われるような不幸が起こり、その後にはまた、大漁を与えてくれるという考えにも通じるところがある。岩手県宮古市田老《たろう》の赤沼ヨシさん（大正六年生まれ）は、「海は人を殺しもするが生かしもする」という言い回しで、同じようなことを語っていた（注6）。東日本大震災のときには、原釜の魚市場では、震災の直前まで、ズワイガニの大漁であったという（注7）。要するに、幸と不幸を繰り返す「マワリ（回り）」が「良い」とか「悪い」という表現に通じる考えかたが根底にある。

新地の浜では、大漁を続けている船はマワリが良く、不漁が続いている船はマワリが悪いと語られる（一七頁参照）。どうやらマワリとは「漁運」のことであり、漁運そのものが動き回っていると、捉えられていることが理解される。

「荒れマワリ」とは、これから海の天候が崩れること、「月マワリが良い」とは、サワラの流し網漁で満月の前後に漁が当たることを指している。いずれ、マワリとは動いている状態を指している。

マワリと同様の意味を持つ言葉が「アヤ」である。大漁が好調に続いている船のことを「アヤブネ」と呼び、同じ漁場で不漁が続いている船は、「アヤもらうしかねえ」、「アヤ直しに行くべ」と言って、アヤブネから魚をもらいにいったりする。「アヤくれろ！」と語っては魚をもらったり、「アヤ直してけろ！」と語って、大漁を続けているアヤブネがイッペエ会（飲み会）に誘ってくれることを要望したりする。

ところで、「トカキにかけられる」ことが、家や船ごとに大漁と不漁を順繰りに繰り返すことを指すものであるとしたなら、その時間の前後を均す「平均化」と平等性の心持ちを促しているものは何であろうか。新地に伝わる記録された口頭伝承を頼りに、次章では、そのことについて考えておきたい。

注
1 「福島民報」昭和一二年三月一八日号
2 「福島民報」昭和三五年一〇月三一日号
3 志小田恵子「漁師魂を伝えたい」『巨大津波』（やまもと民話の会、二〇一一）一一一〜一一二頁
4 「福島民報」昭和五五年一二月二五日号
5 「福島民報」平成二一年八月二四日号
6 二〇一四年一一月三日、岩手県宮古市田老町の赤沼ヨシさん（大正六年生まれ）から聞書
7 相馬市史編さん委員会編『相馬市史』第九巻　特別編Ⅱ　民俗（福島県相馬市、二〇一七）二〇八頁

第六章　寄りものとユイコ

新地の「寄りもの」伝承

福島県の浜通りには「寄りもの」の伝承が多く、それをご神体として祀ったという寺社も見受けられ、その縁起には同型の話が付いている。新地町も同様であり、「寄りもの」伝承を、いくつか拾うことができる。

古くは安永五（一七七六）年九月に書き上げられた、大戸浜の「風土記御用書出」には、天文元（一五三二）年にあった観音堂の勧請の由来を次のように述べている。

当濱隼人ト申者天文元年三月十七日漁に相出候處浮木ノ根ナルモノ網ニ懸リ候ニ付取揚候へバ観音ニ御座候間勧請仕海中山観音寺ト申寺建立仕候由申傳候事（注1）

一方で、釣師浜にあった水神神社にも、同様の由来譚が伝えられている。平成八（一九九六）年に神社の境内に建立され、平成二三（二〇一一）年に被災して、現在は新地町福田の諏訪神社に保管されている「水神神社御由緒碑」には、次のように刻まれていた。

神社明細書によれば慶長十四年（一六〇九年）己酉三月十九日勧請すと記されている。

伝えによると釣師浜の漁師で助左衛門という者が漁に出ると不思議な光をもつ流木が網にか

かった。

その日は網よりとって海に捨てたが翌日再び漁に出ると不思議なことに昨日捨てた木が網にかかった。

助左衛門はこの木は普通の木ではない。霊妙なものに違いないと考えて家に持ち帰り近隣の人達を呼んで木を囲んで見ていると次第に光を放ちまばゆいばかりに輝いた。

これを見た一同はこの流木はまさしくただの流木ではなく水神様の御霊代に違いないということになり町裏の一角に社を建てて安置し地域の守護神として祀り信仰を深めたとされている。

両浜の伝承に共通することだが、網の中に木の根に似た観音や流木がかかってくることが、網漁村にふさわしい「寄りもの」伝承になっている。

「寄りもの」の平等性

平成五（一九九三）年に発刊された『新地町史　自然・民俗編』には、「地域に伝わる話」として、次のような「抹香鯨」と題された事実譚が掲載されている。

三滝川と埒川が合流して海へ注ぐ川口は、波が荒いと砂が寄せてきてふさがってしまう。タテ潮のとき砂が高く積もって、暴風雨のときでなくとも簡単にふさがってしまう。そうすると区長がお触れを回して、地区の全戸が出てミナト切りをする。

昭和四十二年八月七日の午前一〇時ごろ、体長五メートルくらいの抹香鯨が波に乗って川口へ上がってきた。勝手に処分できないので荒浜にある国の事務所へ届け出た。係員がきて検査をしたが死んでしまったので、地区で処分してよいということになり、鯨を解体して地区の全戸に配分した。一切れずつもらったが、モサモサと綿をかむようで、食べてもうまくなかったという。

ミナト切りは月に一回くらいはあったが、水門ができてから動力ポンプで水を汲み出すので、水圧で砂が崩れミナト切りはなくなった。（埒浜　三宅哲衛）（注2）

この話は、釣師浜の北の埒浜《らちはま》での話であるが、タテシオ（満潮）のたびに砂が川口へ寄せてきて塞がることを防ぐ「ミナト切り」という集落の慣行と、同じ川口に「寄りクジラ」が押し上がったという出来事の話とが錯綜しているが、同じ「寄りもの」を全戸で対応したということが共通事項として見出される。つまり、この話からは、「寄りもの」としてもたらされる砂の災害も、クジラのような食糧の供給も、埒浜の全戸で対応していることをおさえておきたい。

次の話は、「釣鐘」という表題で、世間話として記録されたものである。

昔、ある浜で秋特有の大嵐がやってきた。一晩中、大風と大雨とが降って海鳴りはものすごく、近年希な大嵐であったが、幸い次の朝までにはおさまった。浜の人々は昨夜の大嵐で何か良い物が上がっていまいかと、早起きは三文の得ありと暗いうちから浜回りに行った。（中略）

案の定、海は大荒れでいろんな物が陸一面に上がっていた。何か良い物がないかと、目を皿のようにして探す。他の人々が来ないうちにと、かかあは真っ先に立ってあるいた。

ところが、松林の付近まで波が上がって見えて頑丈な箱が転がっていたので、何か宝物でも入っていないかと、松林の中に引きずり込んで人目に付かぬよう隠れて箱を壊して見たら、中から釣鐘が出てきたので夫婦は一時がっかりしたが、中をよく見ると金銀財宝がたくさん入っていたので夫婦は大喜び。早速箱は海へ流してやり宝物だけ家へ持ち帰り、釣鐘は砂を深く掘って埋め、素知らぬ顔をしていた。

このことがあってから、その家は運が向いてきて財を成し、浜で一、二を競うほどの資産家となったが、その後生まれた子どもなどに不具者が生まれ、次の代もまた不具者が生まれたので、不審に思い占ってもらったら先代の例の鐘のことが出て、

「お金はそれぞれ世に出て人々の役に立ったが鐘は土中に深く埋められ、本来ならば有名なお寺へ納められ、鐘撞堂《かねつきどう》へ祀られて多くの人々に拝まれ、よい音を四方にひびかせたものをこんな辺地の浜の砂の下で鳴りたくても鳴らず、その悔しさに生まれた子どもにこの苦労を味わしてやるのだ」と出たそうです。

それで、その家は栄えても生まれてくる子どもに不具者が出たそうです。（注3）

この記録された世間話の中で「ある浜」とは、釣師浜のことである。また、この釣鐘は、異説では、新地町福田の東林寺に納められたが、戦争中に徴用されて、今はないという（小野トメヨさん［大正一三年生まれ］談）。

この世間話の構造は、昔話の「こんな晩」（大成番号［本格新三三］）や、「船頭殺し」の世間話

に近いが、要点の一つは、浜への「寄りもの」であった釣鐘を一人占めした上、秘匿したために、結果的にその祟りが次世代へ現れたという因果譚になっている。釣鐘を拾った者の家運が当初は恵まれ、そのうちに不幸に見舞われるという語りかたが、すでに前章で述べた「トカキにかけられる」事例として重ねられる。

さらに、この不幸を「占ってもらった」という要件も大事である。新地町の南隣りの相馬市には、原釜と百槻《どうづき》にオガミヤと呼ばれる宗教的職能者がいて、以上のような世間話の作成者として、大きな影響力をもっていた。その占いの方法は、「祟り」をなす霊が、オガミヤに「出て」（憑依《ひょうい》して）一人称で語っていることが想像される。たとえば、引用した話と構造的に似ている話として、次のような話も伝えられている。相馬地方の浜で、ある者が砂浜に上がっていた遺体を発見したものの、そのときは怖がって近よらなかった。後でもう一度その場に見に行ったところ、すでに遺体はなくなっていた。その後、次々に海の事故で亡くなる家族が続いたので、オガミヤに占ってみたところ、その死人が出て「子々孫々まで祟ってやる」と語ったという話である。漂着遺体も広義の「寄りもの」に相違なく、基本的には秘匿しないで、遺体が上がった浜の者全員が供養すべき出来事であった。

この「釣鐘」の話の発話者の問題は置くことにして、話の要は、先に引用した「抹香鯨」の事実譚と照らし合わせると、浜の「寄りもの」は、独占しないで、共同のものとして対応すべきだという不文律の考えかたであった。

釣師浜での具体的な「寄りもの」の例を挙げてみる。「雪時化」の季節にホッキ貝が浮かび、砂浜にコロコロと音を立てて寄ってきたものを「寄りボッキ」と称した。誰が拾っても構わないが、原則としては、新地の漁協組合員のみ可能であった（一〇九頁参照）。共同漁業権をもつ組合員であるならば、誰が拾っても構わないということから、ホッキ貝の所有権は早い者勝ちであるが、この場合の「寄りもの」とは、広い意味での共有であり、むしろ機会の平等性を示している。

ところで、「寄りもの」の民俗として顕著な地域として、奄美・沖縄などの西南諸島があるが、たとえば、奄美大島の龍郷《たつごう》村では、次のような事例が見られる。

タコが寄って拾われるのは、四月から五月の頃である。マダコである。どういうわけかタコの血が動いて生きているのに、動きが不活発で、浜を行く人に容易に捕獲されるという。「ナナクィブル、ユルクディ、カムィ（七軒の人たちが喜んで食べるように）」という共通観念が村人たちにはあり、拾ったタコは隣近所の人たちが分け合って食べるものだった。（注4）

ただし、私の数少ない体験では、捕ってきた魚を船から水揚げしている現場を見ているだけでも、魚を分け与えられたことがある。昭和六一（一九八六）年六月二九日、宮城県本吉町大谷（現気仙沼市）の日門《ひかど》海岸で、定置網に入ってきたマンボウが浜で解体される作業を最初から見続けていた私に、最後にマンボウの切り身を袋に入れて渡された。平成二一（二〇〇九）年八月一二日、同県の石巻市鮎川で、ツチクジラの解体を見学した後も、クジラの一ブロックをいただいた。翌年の七月一三日、沖縄県の久高島で、スクの水揚げの現場にいたときには、たまたま様子を見に来たお年寄りにもスクが少し分けられた。そばで写真撮影をしていただけの私に対しても「家にも持っていくかね」と、船上の漁師さんから、そう語られた。スクは、とくに旧暦の六月・七月・八月の一日前後の数回だけリーフの中に入ってくる魚だけに、久高島ではユイムン（寄り物）として見なされる。「寄りもの」を迎えたときの、皆に分け与えるという、平等性の作法が活きていたわけである。

つまり、浜や港での「水揚げ」や、同じ場での魚の選別作業やクジラなどの解体作業も、広い意味での「寄りもの」の処置と同様の対応をしていたことがわかる。それは、浜の作業の「記憶」とも呼べるようなものであろうが、福島県新地町の漁業も、ほとんどが産卵のためにナダに寄ってくる魚を捕り、それを浜に揚げるという毎日を繰り返してきたわけであった。他船の乗組員による水揚げの手伝いも、遠く「寄りもの」の分配に繋がるような慣行ではないだろうか。

水揚げ時のユイコ

新地町では、ハマ（釣師浜港）に各船が並んで、魚の水揚げをするとき、自分の船が作業を終えても、まだ遅れている船がある場合には、当たり前のようにして手伝う。水揚げだけにかぎらず、シラウオの場合は、網から叩き落す作業や選別、刺し網の場合は「網のし」なども、何も言わずに手を貸している。「お先に」と言って立ち去る漁師さんはきわめて少ない。このような相互扶助のことを、新地ではユイコと呼んでいる。ユイコは労働交換のことであるが、新地の浜では、冠婚葬祭などの互助組織とは重ならず、今は漁業労働のみに関して使われる言葉である。また、そのユイコの範囲は流動的である。次に、具体的に水揚げのユイコについて三つの事例を挙げてみる。

① 令和元（二〇一九）年六月七日の午前〇時に近い頃、当時八〇歳になる小野万吉さん（マルマン水神丸、春雄さんの叔父）が、流し網でスズキの大漁をしてハマに戻ってきた。網一二反を入れてスズキがおよそ五〇〇〜六〇〇匹、サワラが一〇匹かかった。食いザカナ（売らないで自分の家で食べる魚）を合わせても漁獲量が一トン五〇〇〜六〇〇キロぐらいで、一キロ四〇〇〜五〇〇円の相場で、結局、一晩で六七万円の収入になった。震災前の相場であれば、一〇〇万円の漁獲高になったはずであった。この漁船には、ほかにカジトリ（船長）などの「乗子」（乗組員）が二名乗船していたが、スズキは顎骨が多く、網からはずしにくい魚であり、三人では水揚げが終わりそうになかったので、皆で手伝った。まずは、ハマにたまたま居合わせた他の船の漁師さんたちが三名、電話で呼び出された範囲は、万吉さん（船主）の甥の春雄さん一家七名（私もこの家の「乗子」なので駆り出された）、兄弟一名、義理の甥一名、本家から一名、同級生一名、友人二名、都合一六名がユイコの手伝いをしたことになる。

② 令和二（二〇二〇）年四月二七日、シラウオ漁の漁期最後の日に、観音丸が一〇〇キロの

大漁をした。そのときの選別に手伝いに来ていた人は、春雄さんの小野家七名と乗子の私一名を除くと、春雄さんの姉一家が三名、本家から二名、春雄さんの叔父さんが二名、叔母さんが一名、次男が乗っている原釜の寿久丸の船主（春雄さんの「兄弟分」）一名、三男が乗っている東栄丸から二名、観音丸のそばに係留している浜野金毘羅丸一名と中磯稲荷丸一名、近所一名、息子の友人一名など、総勢一五名が、特別に声をかけられることもなく集まって手伝った。もっとも、このときは漁の最終日であり、半分の五〇キロは売りに出したが、残りの半分は当初から「食い魚」として皆に配るつもりでいたので、原釜の寿久丸のところへも声をかけていたという。

③　令和二（二〇二〇）年六月二一日の早朝、幸生丸《こうせい》が東京電力のサンプル調査での網起こしの朝、大量のワタリガニなどがかかったので、早朝から網打ちに行っていた船仲間などが手伝った。幸生丸の乗組員三名と奥さんと娘の二名を除き、観音丸二名、新地水神丸二名、鈴木祥生丸二名、一行丸二名、中磯稲荷丸一名、浜野金毘羅丸二名、小野金毘羅丸二名、寺島清運丸二名、東栄丸三名、漁には出ていなかったが、鈴木観音丸二名、菊丸一名、前沢正栄丸一名、それに私が加わると総勢二三名の手伝いであった。ガニはとくに網からはずしにくいので、多くの漁船からの人手が加わったおかげで、予定された時間までに作業を終えることができた（一八五頁写真参照）。

春雄さんもよく、自分の船の水揚げを終わってから、大漁してきた船の甲板に、ポンと飛び降り、当たり前のように水揚げの手伝いを始める漁師さんであるが、「ヒト（他人）の魚でも、いじくっているだけで気持ち良い」とか「ヒトの魚でも魚を見れば興奮する」と語っている。平成三〇（二〇一八）年一〇月二三日、春雄さんは、サワラの大漁をしてきた船を手伝ったその夜、自宅で両手を広げて、その船が捕ってきたサワラの大きさを興奮して説明していた。沖にサワラがいるということは、明日には自分の船も、その大漁の可能性があるからうれしいのである。

また、魚を売りに出した市場でも、スズキの大漁をした新地の仲間の船では、船主の奥さんが、当初から用意していた缶コーヒーをいっぱい入れたビニール袋を手に現れた。周囲から「大漁をしたな」と声をかけられると、「大漁しても、皆に手伝ってもらうので」と申し訳なさそうに、周りの若い衆に缶コーヒーを配っていた。

これらの事例から考えると、新地の浜で語られるユイコとは、農村で田植えや稲刈りなどの労働の交換を意味する「ユイ」とは、少し違ったもののように思われる。何よりも、どの船が次に大漁するかは予定がつかないので、労働の交換や貸借関係が明確ではない。いつの日かは帳尻を合わせることになるのだが、ニュアンスは相違している。むしろ、水揚げのユイに手伝いに来た者に、必ず捕れた魚の一部を手土産に持たせてやることから考えると、「寄りもの」に対する迎えかたと共通するものが見受けられる。「寄りもの」が着いたときの浜の迎えかたとその作業までも組み込みながら、漁村のユイについて、改めて捉え直す必要があると思われる。

船をタテにする

平成三〇（二〇一八）年六月一〇日の朝早く、春雄さんの声で目が覚めた。これからツナカケがあり、船をタテにするから、見ておいたほうがよいとのこと。「ツナカケ」も「船をタテにする」という言葉の意味もわからないまま、春雄さんの軽トラックに乗せられて港へ行った。

船をタテにして陸に戻る漁師たち（2018.6.10）

通常、港の船は、岸壁にそって右舷か左舷かを横付けにしている。ところが低気圧や台風が近づくと、船を傷めてしまうので、U字型に囲まれた新地港の岸からわずかに離した中央に、船を互いに接して並べ、さらに対岸からも何本もタテヨコにロープが張りめぐらされ、横揺れを防ぐようにしている。その共同作業がツナカケであり、岸の横付けから「船をタテにする」ということだった。船同士はダブ（防舷フェインダー）を両舷に吊るしているので、直接に当たることはない。

釣師浜港では、このように海が荒れてくることが想定された場合、以前には岸に横着けをした船に、別の船が外側に横付けしていった。しかし、いざとなると、どの船も最初に岸に着けたがらない。そのために工夫されたのが、「船をタテにする」という、船主会の共同作業であった。二三艘もの中型船が並んで舷側を繋ぎ合わせるが、九艘の小型船同士もまた繋ぎ合う。この「ツナカケ」とも呼ばれる作業は、船主会長の指示で始められるが、震災の数年前から行なわれているという。それ以前は、個々の船の対応に任されていたのが、低気圧や台風時の船のリスクの平等性を確保するために案出された慣行である。漁業におけるユイコを象徴させるような、優れた共同作業である。

また、その船主会では、それまでは個々の船で行なっていた正月二日の「出初め」も、共同で行なわれるようになり、その日は大漁旗を掲げて、一斉に沖に出ていくことに変えた（一四五頁参照）。以前は、一二月二八日過ぎに、刺し網（ツメ網）を打ちにいって、一月五日の初セリに合わせて起こす船もあり、そのときに出初めの行事を行なってから出かけたという。

春雄さんも、初セリにはアカジカレイなどが高く売れたので、それに合わせて年を越える網を打ったことがあり、初セリで六〇万円くらいになったことがあるという。そのようなときは、一週間くらいも海に入れておくのでシタモノも多く、当初から使い古して捨てても構わないような網を用いた。しかし、春雄さんが船主会会長のとき、請戸《うけど》（浪江町）の「出初め」の様式を導入して、共同で行なうように変えた。請戸では、前年に一番の漁をした漁船を先頭に海上パレードをしているが、新地ではこのようなことをせず、日時だけを合わせている。

災難時のユイコ

以上に述べたツナカケという慣行も含め、新地の浜でのユイコという言葉は、広義には水揚げだけに使われるだけではない。たとえば、シラスのカケマワリで一艘の船が網を傷めてしまった場合にも、オカに上がると、次の漁に間に合うように、ほかの船の者たちが大勢で、港にその網を広げて修理にとりかかる。漁期を迎えて、新しく網を作り直すときにも、自然と人々が集まり、手伝っている。網や漁具、機械の故障のような、思わぬ事故のような災難に遭ったときに人々が助け合うことも、ユイコと呼んでいるのである。

ほかの船の網の修繕もユイコ仲間で行なっている(2018.8.20)

大漁、あるいは大漁を願う「出初め」などの行事も、災難や防災も、共同で対応するということは、両者共に、海の向こうから寄り来るものとして扱っていることを意味するものであろう。先に述べた埒浜の話でも、砂の災害でも寄りクジラでも共同で対応していた。

鹿児島県の奄美三島の一つ、沖永良部島に住む潜水漁の漁師、山畠貞三さん（昭和二〇年生まれ）も、思わぬ大漁があったとき、その魚を近所の皆に振舞うと、次の日も大漁をすることができるという。そのために、家の前を通り過ぎていく人々に声をかけながら酒盛りを開いた。また、サンゴ礁のあいだに足ヒレを挟んだり、道具箱の紐がからんだりして、海で危険な目に遭ったときにも、その厄を祓うために、村の仲間を呼んできて、飲食を共にしたという（注5）。

この沖永良部島でも、大漁の場合も災難にあった場合も、共同で喜びを分かち合ったり、共に不安を乗り越えようとしていたことが理解される。先の大漁の宴会の例は、前章で述べた、新地の浜でのアヤブネが主催する飲み会と似かよるが、ユイコにも通じる、海の傍らに生きる人々の心構えである。

本章では、大漁と災害を典型とする「寄りもの」に対する平等性と共同性、それを基盤とした と思われるユイコの慣例などを述べてきた。ところで、東日本大震災後、被災地に多くのボランティアやＮＰＯが入ったが、新地でも例外ではなかった。それらの人々の支援を必ずしも否定するわけではないが、復興を底支えして後押ししたものは、以前からその地域に伝わっていたユイコなどの社会慣行であったことは、注意されてもよいように思われる。とくに、震災後の「試験操業」が、同じ操業日や、網の反数なども等しく決めて実行できたのも、この「お互いさま」というユイコがあってこそ受け入れられたことであったのである。横からの支援も、上からの施策も、それらを下支えした民俗があってこそ可能になった事柄である。

注1　宮城縣史編纂委員会編『宮城縣史28（資料篇6）』（宮城縣史刊行委員会、一九六一）三七七頁

2　新地町史編纂委員会編『新地町史　自然・民俗編』（新地町教育委員会、一九九三）四一二～四一三頁

3　荒保春『口碑福田史2』（私家版、一九九五）九〇頁

4　『龍郷町誌　民俗編』（龍郷町、一九八八）二七九～二八〇頁

5　二〇一四年五月五日、鹿児島県大島郡和泊町の山畠貞三さん（昭和二〇年生まれ）より聞書

第七章　海辺のムラの災厄《さいやく》観

目に見えない怖れ

令和二（二〇二〇）年に入ってから突然に顕著になった、新型コロナウイルスの世界的な感染拡大は、経済的にも社会的にも大きな変化をもたらした。その目に見えない恐怖感は、あらためて感染することに対する人間の感覚と対処方法とを、過去にさかのぼって思い起こさせた。そのコロナ禍のなかで、福島県の沿岸部では、トリチウム水の海洋放出の問題が沸き上がっていた。東日本大震災による、東京電力福島第一原子力発電所の事故は、その廃炉に伴う放射能汚染の処理水の貯蔵を試みてきたのだが、タンクが千基を越え、敷地が確保できないために海洋へ投棄したいという、国と東京電力の幼い発想から生まれた問題であった。「トリチウム水」と政府は呼称しているが、ヨウ素一二九などの放射性物質が基準を超えて含まれている汚染水であることも報道されている（注1）。このトリチウム水も、コロナウイルスと同様に、目に見えない恐怖感を煽るものである。

令和二（二〇二〇）年七月二一日、コロナの感染除けの密集を避けるために、相馬双葉漁協では数回に分けて、政府によるトリチウム水問題の説明会が開かれた。漁協に所属する新地町の漁師たちの前で、国から来た役人は、トリチウム水を流しても安全であるという資料を配った。その持ち込んだ資料とは、福島市内で発行する「福島民友」という新聞の二〇二〇年二月一二日から一五日にかけて連載された「風評の深層」という記事の大型コピーであった。一読して了解できることは、「トリチウムは人体に安全である」という言説を「科学的」に説明しようという意図だけである。

そもそも、日本の原子力行政の始まりは、昭和二九（一九五四）年三月一日に、アメリカがマーシャル諸島で水爆実験を行なったビキニ事件からであった。そのときに被爆したマグロ船第五福竜丸の乗組員に対する二〇〇万ドルの「手ぎれ金」とともに、原子力技術の供与が行なわれたのである（注2）。このときも、被爆した二三名の乗組員のほとんどが、肝臓ガンなどの同様の病気で亡くなり続けていたにも関わらず、当初、国から予算をいただいていた放射能医学研究所では、「被爆と関係ない」という見解を「科学的」に説明していた。C型肝炎ウイルスの感染と被爆は一体の問題として考えるべきだという意見が主流になってきたのは平成七（一九九五）年の、被爆から四〇年も過ぎてからである。

熊本県水俣市の国策企業チッソから有機水銀を排出していたときも、水俣病と有機水銀とは「科学的」に関係がないと、当初は主張していた。原因が有機水銀であることが判明したときも、当初はトリチウム水と同様に、濃度を薄めて海へ流す濃度規制が実施されている。この公害事件も、一企業と地元の漁業者の関わりを考える上で、構造的に同様の問題を抱えていた出来事ではなかっただろうか。

　以上のような、わが国の現代史を少し振り返っただけでも、政治的な背景のある「科学的」とは、非常にあやしいものだということがわかるであろう。つまり、海に放出（投棄）することが、「安全」であるにしろ、「危険」であるにしろ、同じ「科学」の土俵で論じているかぎり、風評被害などは解決しないということである。風評問題とは、まったく「科学」的説明とは別次元の問題であることを見据える必要がある。この汚染水処理問題に関して、「東京電力は、各浜に出向いて、放水の安全性に関連した説明を何度も行った。そのことで多くの漁業者は理屈では理解したというが、それでも海に放水するというのは感情的に納得できなかった」（注3）という。この一般的に流布されている、漁師の「感情的」なことの内実を、もう少し深めていかなければならないものと思われる。

　むしろ、民俗社会においては、「海に流す」ということは、そもそもどういう意味があったのか、ということから問い直さなければならない。それは、トリチウム水に関していえば、目に見えない人工的な危険物を海に流すということを、海の傍らに生活していた者の生活感覚や生活感情にそって捉え直すことでもある。

　本章では、その課題にできるだけ近づけるために、まず、漁師さんたちの目に見えない恐怖の一つであった「産忌《さんぴ》」について、新地の浜の事例を用いて考えてみたい。その事例からは、忌《いみ》のある者との会食を避けるなど、今日のコロナウイルスの感染防止対策に類似した対応が見られていた。

次に、その「産忌」に絡んで、無事に出産を過ぎた後に行なわれる、海における潔斎や、厄年の年齢を迎えたときの「厄祓い」や「厄流し」について、同じ新地の釣師浜での事例を通して考えてみる。

さらに、年中行事のなかで「海へ流す」ということと大きく関わる盆行事を挙げ、その行為の意味を考える。これまで海辺の「寄りもの」の議論は多かったが、逆に「流しもの」の観点から海と人間との関わりを捉えることは、民俗学の研究のなかでも少なかった。その研究対象を広げる意味でも、本章で簡単に論じておきたい。

産忌を食う

釣師浜では、以前から今日まで、漁家で子どもが産まれたとき、父親が漁師であった場合は、必ず翌朝に海辺で水垢離《みずごり》をとっている。春雄さんによると、三人の子どもが産まれるたびに、産まれた翌朝には必ず、裸で目の前の海に入って、体を潔めたという。漁師にとって産忌の期間は三日、船に乗る前日にオスイサマ（神官）に祓ってもらってから乗船した。

釣師浜では、産忌の忌《いみ》明け自体は二一日目であり、漁家では以前、実家に戻ってから産む嫁が多く、産後の療養を兼ねて二一日間は実家にいることが多かった。たとえ産忌中に嫁ぎ先に戻ったとしても、自分の食べる分は、庭でガスボンベなどを用いて別火で調理をしたものだという

（早坂道子さん［昭和一一年生まれ］談）。周りの家でも、一一日間は産を成した家で炊事をした同じものを食べることが嫌われ、お茶飲みにいろいろな家を訪問すると、ひどく怒られたものだという。「産忌を食う」と言って、産忌のある家でお茶を飲んだり菓子を食べることで移されるものと思っていたらしい。新地の浜で子どもが産まれると、感染症と同様に、目に見えない恐怖感を漁家では互いにもっていたものである。産忌に触れると、漁に当たらなくなるばかりでなく、焼玉エンジンを回しても機械がなかなか、かからなかった場合にも、その乗組員の誰かが「産忌を背負ってきた」のではと疑われたりしたという。

元大戸浜の寺島正志さん（昭和七年生まれ）によると、脱穀機とか籾摺り機などの「機械」を持っている人たちは、ことのほか産忌を嫌ったという。この「機械」が産忌に弱いことについては、各浜でも聞くことができる。たとえば、岩手県大船渡市三陸町綾里《りょうり》の漁師の久保金太郎さん（昭和一六年生まれ）も、「死忌《しにび》より産忌のほうがおっかねえ（怖い）」と言って、次のような話をしてくれた。椿油を機械で絞っていたとき、タツタツと順調に油が落ちていたが、産忌の家の人が来たら、ピタッとそれが止まったという。お産があった家では、すぐにも神社へ塩をもらいに行き、それを浜仕事のしているシンセキに配ったものだともいう。漁とか「機械」とか、一般的な人知では計りしれない領域で、とくに産忌を嫌ったものらしい。

ところが逆に、身ごもった女性がいる家は漁に当たるとも言われている。「この頃、いくらか他人よりも魚を捕るな」と、漁運のある船に気づいたりすると、「船主の奥さんが腹プック（妊娠中）だから」と言って説明される場合が多い。春雄さんは「子どもを持つ（妊娠する）と魚を授けてくれる」と語っている。つまり、人間の子を宿す力と海の生産力とを重ね合わせて捉えられた「感染呪術」の一種である。逆に無事に産んでしまうと、漁がなくなるとも言われた。「腹ペチャなのに、今でも何ぼか人より魚を捕るな」などと語られたりする。魚も同様に、「仔持ちカレイ」やサケなど、卵を抱えているもののほうが、調理した場合はおいしく、かつ値段が高く売れる。産んでしまえば、身が痩せ衰えてしまい、二束三文しか売れないという。釣師浜では、仔を産んだカレイのことを「ガッパ」、仔を産んだカニのことを「デゴ」と呼んで区別している。

仔を外に出した「デゴ」のワタリガニが異常に捕れた朝。値が安いわりに、網からはがしにくいので、多くの人出を必要とする（2020.6.21）

魚を産む「海」と「産み」と「膿」の umi は、おそらく根源は同じで、生産力を象徴する言葉ではなかっただろうか。

波平恵美子は『ケガレの構造』（一九八四）のなかで、長崎県壱岐の勝本浦の事例として「船主は勿論、乗組員の妻が妊娠したことがわかると、すぐに神官を頼んで、その船の乗組員全員がお祓いをしてもらう」という「妊娠のケガレ」を挙げているが（注4）、東北地方の太平洋沿岸では、そのような事例は見当たらない。三陸地方では、妊娠した女性を敢えて金華山の参詣のために漁船に乗せていったり、船下ろしのときのオスミノツナを切る役に妊婦さんを頼んだりする。釣師浜でも新造船に込めるオフナダマの人形を折ってもらうのは、寅年生まれの妊婦さんであった（一三四頁参照）。これまで産忌については、民俗学で「血忌《ちいみ》」だけで説明されてきたが、始原的にはそうであったとしても、現在の漁師たちがヒトや魚が「子（仔）を持ち」、「子（仔）を成す」ことに対して、どのような捉えかたをしているかという文脈のなかから、探っていくことも必要であると思われる。

死忌を祓う

新地の浜では、正月の門松をはずさない前は、産忌や死忌のあった家に入らないが、産忌のほかに、人が亡くなった場合の「死忌」も注意された。新地では「喪家へ行ってもたばこの火ももらわないしお茶も飲まない。これをヒをまぜるとかヒを食うとか言って、漁師はことに忌む。埒浜では正月中に不幸があると法印さまを呼んで火を祓ってもらう」という（注5）。しかし、新地のフナカタ（漁師）は、死忌は産忌ほどは嫌わないという。近隣の松川浦（相馬市）のほうでは嫌うが、新地では葬式のシラセに来た人を家の中まで上げても構わなかった。ただ、葬式が終わって初めて乗船するときには、オスイサマに船と操舵室の神棚とを塩とお神酒で祓ってもらっている。

以前の釣師浜では、葬家の両隣の家か、正面の家では葬家での料理を調理するナガヤとして貸したものだという。この家では、弔問客にさし上げる昼食は、ハタイモ（サトイモ）・アブラゲ・

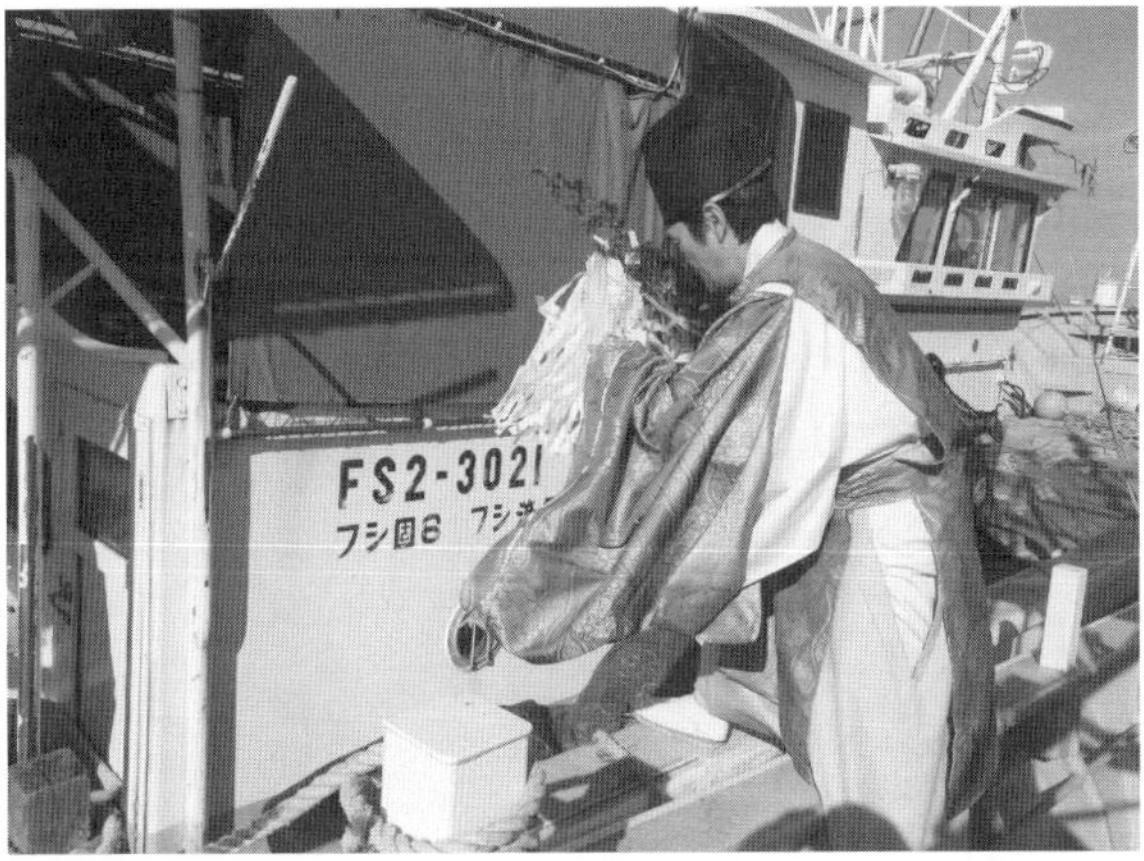

オスイサマに漁船の死忌を祓ってもらう（2018.11.25）

コンニャクのお煮しめの精進料理であった。ほかにコクチと呼ばれる、イモ・コンニャク・シイタケ・ニンジン・アブラゲ・シミドウフなど七品を入れた料理を作ったという（菅野いな子さん［昭和二四年生まれ］談）。調理を担当したこの家は葬家と共に、葬儀を終えるとオスイサマによって祓われた。一連の葬式の手伝いを担った契約講員は、死忌を祓われることはなかった。葬家が漁業者であったときのみ、七日間の死忌の期間を終え、漁を再開するときに船を祓ってもらうだけである。

死忌のほうが、親族などの系譜をたどって軽重の差を付けているのに対して、産忌のほうが、むしろその場に居合わせることに重点をおいており（注6）、とくに一緒に食事をすることなどを避けていた。

年中行事のなかの厄祓い

次に、通過儀礼のなかの「祓い」だけではなく、新地の浜における、年中行事のなかの「祓い」について見ておきたい。

まず、正月行事に見受けられる「厄祓い」として、一月一四日の晩に行なわれた「カセドリ」という行事がある。釣師浜や大戸浜で、厄年（男二五・四二・六二歳、女三三歳）に当たる家族がいる家が、浜沿いの中磯や今泉の人たちに、あらかじめ頼んでおき、夜には「カセドリ」という変装した男女が当家を訪問して、おどけた踊りをしてもらった。男女の性に関わる目出度い言葉と踊りが多かったという。とくに四二歳の厄年が盛大で、仮装した男女が厄年の家を次々に訪問してあるく。踊りを披露してお返しをいただくが、お返しが豪勢な家の前には、カセドリを踊る者で行列になったほどであり、夜明けまでかかったという。一組の演技は一〇分くらいで、ご馳走をいただいて、身元がばれないうちに退散するものであった。カセドリがチームを組んで、ミズノキに二〇万円を吊るしてお祝いにくると、厄年の家では、それ以上を返さなければならず、一晩で何百万円も使うので、青い顔になった主人もいたという。ご祝儀をいただいたカセドリの仲間たちは、それを元手に温泉旅行などへ行った。建前は、見ず知らずの者が厄を引き受け、それを「流す」ことに意味があったからである。平成一〇（一九九八）年頃まではお金で返したが、その頃から市販の洗剤を一緒に渡すようになったという（村上美保子さん［昭和二四年生まれ］談）。洗剤も厄を「洗い落す」ためである。温泉の湯や洗剤の水を通して厄を流すというイメージが培われていたわけである。カセドリは新地町全体の行事であり、浜へは、駒ヶ嶺（新地町）などからも見知らぬ人が来て踊っていくこともあったという。

カセドリの踊り（1991.1.14　菅野幹雄氏所蔵）

年中行事のなかの厄祓いとしては、盆行事にも見られる。これは厄年に関わるものではなく、盆に「無縁様」を祀る行事であり、一般的には災厄を避けるためのものである。

とくに「無縁様」と直接に関わる可能性があるのは、海でドザエモン（漂流遺体）と出会うことである。ドザエモンを船に上げるときは、必ず右舷から死体を上げ、上げるときは、誰かが「大漁させろよ、大漁させろよ。させねがったら連れていかねぞ」と声をかけると、もう一人の者が「大漁させる。大漁させる」と語ってから上げた。遺体は船にゴザを敷いて、そこに寝かせたという（寺島正志さん［昭和七年生まれ」談)。海上でドザエモンを拾うと大漁に当たるということは釣師浜でも言われており、逆に放置した場合には祟られるとも語られている。たとえば、ドザエモンを拾った家で、その年、仙台新港沖で流し網をしていて、一〇キロくらいのメジマグロ約一〇〇匹の大漁、一〇〇万円を得ることができたという。

そのような無縁様も含めて先祖を盆には迎えるわけであるが、第五章第三節の年中行事で述べたように新地町中磯の菅野家では八月一三日に、コモングサ(ボングサ)で、頭を三角にしたウマを作って、屋根に上げたという(菅野いな子さん[昭和二四年生まれ]談)。同町の釣師浜では、お盆には、キュウリでウマを、ナスでウシを作っておき、ご先祖様がお帰りのとき(八月一六日)には、ウシにだけ盆の三日間に供えたオボンサマの供物を背負わせて川や海に流した。ウマは早くご先祖さまが来るようにという意味、ウシはゆっくりとご先祖さまが帰ってくださいという意味であるという(荒文榮さん[昭和二六年生まれ]談)。

キュウリのウマとナスのウシ(2018.8.13)

これらの事例から考えると、足の「速い」ウマと足の「遅い」ウシとが対置され、ご先祖様はウマに乗って早く来てもらい、帰るときはウシに乗ってゆっくり帰ってほしいと願っているわけである。さらに、来るときは天を通して速く屋根から、帰りは砂浜から海へゆっくりと戻っていってほしいことにも対置される。つまり、「ウマ—天—速い」と「ウシ—海—遅い」が象徴的に分けられているのである。浜へ行ったり来たりして繰り返す波の様子から、海に流されたものは時間をかけて去っていくというイメージをもちやすかった。

無縁様を浜にて送る（2020.8.16）

しかし、もともと天と海とは水平線のかなたで一致する同じ異界の空間でもある。相馬市の鵜の尾岬周辺で伝承されている「雨乞い」のときの詞章は「あんめたんもれ竜王よ。沖に雲ささえて、ざぁーざっと降ってこう」であり、新地町の五社壇《ごしゃだん》（三八三メートル）の山に登って一同で降雨を祈念したという（注7）。天に近い山から、天ではなく沖の雲を願うことが、天と海との同じアマの一致を思わせる雨乞いの詞章である。

釣師浜では、ウシだけでなくウマも流す家があるが、流すのは主に子どもたちの役割であった。春雄さんによると、ボンバシをキュウリとナスに四本ずつ挿して足にしたウシとウマは、浜から流しはするものの、行ったり来たりを繰り返すおだやかな波のために、オキへは行かずに、浜に寄り上ってしまっているウシやウマを、後で見つけたものだという。海に流したものが、ゆっくりとオカから離れることを象徴している一コマである。

ところで、盆の「無縁様」も丁重に海から送られる。中磯では、海難者に対する供養として、朝のうちに、提灯を竹の枝につるして砂浜に立て、線香とお菓子と餅をあげ、置きっぱなしにして戻ってくる。その後、朝のうちにベコを流したという。

海へ流すことの意味

それでは、新地町のフナカタにとっては、そもそも海にモノを流すことについて、どのように考えているのであろうか。たとえば、固定式刺し網漁などの場合、船上で活魚として売るもの(イキモノ)と鮮魚として売るもの(シニモノ)とに分別されるとともに、市場に売りに出さない、シタモノと呼ばれる生物もはずす。シタモノにはヒトデ、貝の殻、ムシやツブに食われた商品にならない魚があるが、自分の家で食べる「食い魚」以外は、海に投棄される。漁師たちは、その行為を「海に投げる」とは言わずに、「海に戻す」と語っている。魚を食べた残り物である骨なども、わざわざ海に行ってから「戻す」。「魚の餌になるから」というのが大きな理由である。魚の残飯などは、通常は生ゴミとして扱われ、海に投じることは禁止されているが、都市的な排除の発想と、漁師の輪廻的な再生を繰り返すことを信じている生命観と対立しているわけである。

魚の餌になるなら構わないが、これがトリチウム水のように、人口の汚染水となれば、また別問題である。しかも、海は今でも、産忌のケガレを祓うために禊《みそぎ》をする清らかな水でなければならない。

波平恵美子は、トリチウム水の海洋放出の問題と同様な事例を、長崎県の壱岐の勝本浦について、次のように述べている。

一九七三年に勝本小学校が校舎を新築し、その際水洗便所の設備をした。初めの計画では下水は勝本湾に流すことになっていたが、漁協の組織をあげての猛反対に会い、やむなく、さらに一〇〇〇万円かけて、漁家のいない他の湾へ下水を流すことにした。たとえ汚水処理をしていても、糞尿の混じった水を海に流されたのでは海水がよごれて船霊さまのお清めができないからというのである。（注8）

ここで記述されている「船霊さまのお清め」とは、フナダマ様に対する産忌とか死忌の潔斎のことを指している。勝本浦で下水を海に流すことが忌避された理由は、科学的にみて結果的に「糞尿の混じった水」を流されることに反対したものではない。生活感覚として「糞尿の混じった水」が流されることに、「船霊さまのお清め」という観点からみて許されないことであったわけである。昨今のトリチウム水の海洋放出に対する、福島の漁師たちの反応も同様の思いから発していると考えられる。

さらに海は、オカから離れるときは、波によって行ったり来たりを繰り返し、ゆっくりと時間をかけて離れるという印象が強いことは、送り盆の流しもののところで述べた。そのような海に対する捉えかたをしているかぎり、仮に汚水処理をした水であっても、留まり続けることがイメージされ、疑念を抱くことは、当然であるように思われる。

トリチウム水の海洋放出に反対する漁師たちに、「感情的」という形容を付けたがるが、その感情の背景には「民俗の論理」と呼ばれるようなものが横たわっていることに目を向けなければならない。それは「科学的」という言葉を称する者の背景に、感情的な「科学信仰」があることと背中合わせの関係であると思われる。

注1 「河北新報」二〇一八年八月二三日号
2 大石又七『ビキニ事件の真実―いのちの岐路で』(みすず書房、二〇〇三)一三四頁
3 濱田武士「福島県の漁業再生力と原発―歴史のなかから考える―」『「生存」の歴史と復興の現在―3・11分断をつなぎ直す』(大月書店、二〇一九)二〇三頁
4 波平恵美子『ケガレの構造』(青土社、一九八四)一〇六～一〇七頁
5 新地町史編纂委員会編『新地町史　自然・民俗編』(新地町教育委員会、一九九三)二三二頁
6 井之口章次「誕生と産育」『日本民俗学大系』第四巻(平凡社、一九五九)二〇四頁
7 注5と同じ。二八四頁
8 注4と同じ。一四〇頁

第八章　東日本大震災からの漁業

第一節　東日本大震災

船の「沖出し」

福島県の浜通りの最北部に位置する新地町は、東日本大震災（平成二三［二〇一一］年）の津波による死者は一一九名であった。そのうち、太平洋に面した地区では、釣師浜三四名、大戸浜三〇名、埒浜八名、今泉六名と、およそ全体の三分の二の死者数である。

新地町の釣師浜と大戸浜は、現在でも釣師浜漁港を拠点にして、網漁を中心とした漁船漁業を生業としている。震災当時六トン前後の漁船が四四隻あったが、三二隻が「沖出し」を行なって助かり、その後、廃業したり、六隻の新造船を作ったりなどの変動はあったものの、三二隻が「試験操業」に携わっている。

「釣師浜港」は、そこに住む漁師たちの言葉では、通称「ハマ」と呼ばれている。「沖出し」とは、地震が生じたときに津波を予測して、船を傷めないために、そのハマからオキまで出すことを指している。岩手県や宮城県の三陸沿岸でも、同様の行為を「沖出し」と呼んでおり、東日本大震災においても、多くの漁船が「沖出し」によって助かったが、反面、適切な出港時間を逸したために転覆した船もあった。

新地の浜では、以前から「地震があったら金華山の方向を目指して沖出しをせよ」という言い伝えがあり、震災二日前の三月九日の地震のときにも、大半の漁船が「沖出し」を行なっている。新地のハマから東へ、ナダからオキへかけては、海底はなだらかになっているために、オキが深い宮城県側に早くに移動するためには、金華山が見える北東の方角へ県境を越えて目指すことが必至であった。海底が深ければ、波の高さも弱まるからである。

春雄さんの手記

大震災の当日、釣師浜にあった春雄さんの家も流出、観音丸の一艘は「沖出し」をして助かったが、もう一艘は弟の常吉さん（昭和二九年生まれ）と共に遭難、常吉さんもその年のお盆近くまで行方不明のままであったが、遺体が発見され死亡が確認された。

春雄さんは震災後、家族と共に、新地小学校に避難していたが、そのときに、自分の体験を後世に伝えようという一心だけで、Ａ５判の横書きのノートに書き留めたのが、以下の手記である。三月中に書き上げているが、その対応の速さと姿勢には驚くべきものがある。弟の常吉さんが、まだ海から発見されていないときである。ノートには同じような記録が二度、書き留められているが、清書に近い、後者のほうを活字化しておく。

二〇一一年東日本大震災

未曾有の大震災がくる二～三日前にも大きな地震があり、船を沖に出しました。それが、この津波の前兆だと、今思えば、そうだと思います。

私の家は新地町の釣師浜で四代続いている漁業一家で、息子三人も漁師になりました。

平成二三年三月一一日は、海はおだやかで、私は弟（後に震災で死亡）、長男、三男の四人で、午前一時に漁に出て、固定刺し網漁を終え、午前五時半に新地港に入港して、カレイ、ヒラメなどを水揚げして市場の生け簀に活かしました。それから網仕事を家族と手伝いの人でしました（手伝いのうち二人はこの後の震災で死亡と行方不明になりました）。

午前八時に仕事が終わり、私は自宅に戻りました。私たちの組合の、魚の販売は、午後一時からですので、朝食を食べ、居間で休んでいました。

私の家族は六人でした。母親は相馬中央病院に入院していて、次男は原釜の船（寿久丸）で働いていていました。

午後一時になり、私と妻で市場に魚を売りに行きました。磯浜（宮城県山元町）で漁師をしている、いとこの子の賢介（後に震災で死亡）もいました。魚の販売も終え、家に戻って、私と妻と長男で、居間で昼食をして、テレビを見ながら話をしていた頃でした。

午後二時四〇分を過ぎた頃だったと思います。大きな揺れがあり、なかなか止まりません。これは危ないと思い、三人で裸足で外に出て見守っていましたが、ますますひどくなってきました。屋根の瓦は落ちてくるし、いまにも家が壊れそうで、妻はあまりの揺れに泣き出しました。そのときでした。「大津波です。避難してください」という、町の防災無線が放送されました。これは大変だなと思い、私と長男は、長靴に履き替え、昔からこの浜では、津波のときは沖に避難するという言い伝えどおり、走って、新港に向かいました。そのとき、組合の職員がいたので、「早く避難するように」と声をかけ、船を沖に避難しました。そのほかにも三四〜三五隻いたと思います。沖に航行するとき、誰かが無線で、今まで見たことのないものがレーダーに映ると、大声で騒いでいました。そのとき、私より遅く新港から沖に避難していた、弟、常吉から「機械が止まった」と無線連絡があり、「そこにいろ。場所は?」と尋ねると、「GPSが壊れて、今いる場所がわからない」とのこと。「今、戻って曳航するから」と、無線交信しながら戻ろうとしましたが、沖から見たことのない波が来ておりました。大津波の影響で、なかなか弟のいる場所に戻ることができませんでした。そのとき、弟の無線から「駄目だ。大波が来た」との最期の交信でした。私は無線で弟を呼びましたが、交信がありません。つづけて、私の義理の兄の船である鈴木観音丸が、「誰かが海に浮かんでいる」と、無線で連絡してきました。「弟だ。助かった」と一瞬、思いましたが、別の人でした。中島神伸丸さんでした。中島利夫さんの船も沈みましたが、利夫さんは黄色の救命胴衣を着ていたので助かったのだと思います。弟は私がコウナゴ漁に使うために用意しておいた船で、コウナゴ漁にしか使わないので、救命胴衣は弟の玄関にありました。急いで沖に避難するため救命胴衣を持っていかなかったと思います。救命胴衣を持っていっていれば命は助かったかもしれません。大津波の影響で、海はほんとうに危険でしたので、みんなが戻って、捜索すると言いましたが、断り、義理の兄と親戚のおじさんたちで、弟と船の沈んだ所に行き、暗くなるまで捜索しました。いまだ大津波の影響で、シオは早く、危険なので、沖のほうに避難しました。家族に携帯電話で連絡をしましたが、連絡はとれませんでした。沖から陸を見ると、灯りがついていないので、陸でも何かがあったと思いました。家族は避難したのかと、一晩、心配していました。その夜は、ほんとうに寒くて、沖には原釜船も相当な船が沖に避難していました。

次の朝（三月一二日）弟を捜索しながら港に向かいましたが、陸からのガレキで航行するのに大変でした。みんなと捜索しましたが、弟も船も発見できませんでした。みんなも家族が心配で、新地港に行きましたが、港の岸壁が大津波の影響で見えなくて接岸できませんでした。沖に出たり、港に入ったりしているうちに、岸壁が見えるようになり、接岸して長男を船から陸に上げて、私も陸に上がりましたが、また津波で岸壁が見えなくなり、長男に家族を探すようにと指図して、私はまた、船を沖に避難させました。ようやく陸に上がることができて、組合の事務所の下の時計が三時五〇分で止まっていたのを見ました。第一波が到達した時刻だと思います。

陸に上がりましたが、想像をはるかに超えていました。釣師地区は漁協の外側だけ残り、事務所は見るも無惨なものでした。西谷かねこ水産の三階建てのコンクリートや、鉄筋づくりの朝日館の建物ぐらいしかありませんでした。釣師地区は全滅でした。私の家もありません。港の近くにある漁具倉庫もありません。そのとき、陸に上がっていた長男が来て、大戸浜の高い所にあった弟の家、姉の家、叔母の家は助かったと言いましたが、誰もいないということで、私と長男は家族を探すため、役場の所に向かいました。そして、自衛隊の人からようやく食べ物をもらい、三月一一日から何も食べていないので、もらった乾パンが、ほんとうにおいしかったです。ようやく役場にたどり着き、家族のことを尋ねると、総合体育館にいると言われ、そこに行くと、家族は無事でした。

この大震災で弟、叔父夫婦(孫が二回迎えにきましたが、だいじょうぶと言って避難しませんでした)、磯浜の叔母と賢介(船を沖に出そうとして来たものと思いますが、妙現丸は陸に上がり、その近くで叔母と賢介が見つかりました)を失いました。弟と叔父は行方不明です。私は弟をはじめ、親戚など、この大震災で五人も死亡や行方不明になりました。あとで妻に聞いたのですが、弟が少し遅く港から出るのを確かめてから、大戸地区の避難所に避難したそうです。あのとき、妻に「船は放棄しろ」と一言、言っていれば、弟は助かったのかもしれません。そのことが残念でなりません。

これを教訓にして、命より大事なものなどないから、船は壊れても造ることができるもので、船を沖に避難することはしないこと。また、「ここはだいじょうぶだ」と言っていた人とか、避難所からまた家に戻った人が犠牲になったと聞きました。町の防災無線が放送されたら、高台に避難すること。解除されるまで、絶対戻らないことも伝えたいと思います。高台で避難していた人の話で、船が一キロから一・五キロくらい流されたことや、三階の建物が見えなくなったことなどから、大津波の高さは一五〜二〇メートルくらいあったのではと思います。あとから、皆さまの話だと、船ごと海に沈むかと思い、神様に頼んだそうです。また、何人かの人は、漁具を海に流されたそうです。こんな恐ろしいことは、今は記憶にありますが、時が過ぎると、忘れるのです。この先、一〇〇年、二〇〇年、一〇〇〇年、二〇〇〇年先かもしれませんが、同じようなことがあったときのために、こんなことがあったと、後世に残したいと思い、記録として残したいと思います。

毎年の３月11日には、弟さんが亡くなったところへ行き、花を手向ける（2019.3.11）

春雄さんは、この手記を書き上げた新地小学校から間もなく、新地町小川の仮設住宅へ移り、七

震災後の漁船漁業者の移転先

震災前	船名	移転地(備考)	震災前	船名	移転地(備考)		船名(備考)
釣師浜	観音丸	神後北	大戸浜	寺島栄勝丸	神後北	大戸浜	浜野海幸丸
	第十八観音丸	(震災後に造船)		新地明神丸	神後北	(移転なし)	第二海幸丸(震災後に造船)
	○水神丸	神後北		寺島明神丸			浜野金毘羅丸(震災後に造船)
	釣師水神丸	神後北		寺島太陽丸	神後北		鈴木観音丸
	新地水神丸	雁小屋		鈴木新栄丸	神後北(震災後に休業)		渡辺菊丸
	西谷一光丸	雁小屋		今野不動丸	神後北		渡辺金栄丸(震災後に造船)
	幸生丸	雁小屋		第一東栄丸	神後北		寺島清運丸
	正栄丸	雁小屋		観音丸	(震災時に流船)		小野水神丸(震災後に廃船)
	幸喜丸	雁小屋(震災後に廃船)		東　東栄丸①	雁小屋		小野水神丸(震災後に廃船)
	寺島共栄丸	岡		東　東栄丸②			鈴木祥生丸(震災後に廃船)
	小野金毘羅丸	作田東(震災後に造船)		栄洋丸	雁小屋(震災後に廃船)		鈴木祥生丸(震災後に譲船)
				栄運丸	小川		八光丸(震災後に廃船)
中磯	中磯稲荷丸	神後北		第二水神丸	小川		
	菅野薬師丸	(震災後に造船)		恵比寿丸	小川(震災後に廃船)		
	川又開運丸	雁小屋・四斗蒔		神伸丸	小川(震災時に流船)		
		(震災後に廃船)		幸漁丸	作田東		
	釣師金毘羅丸	雁小屋(震災後に廃船)		門前丸	原(震災後に廃船)		

月には、建物が残されてあった常吉さんの家へ移り、一家五人と常吉さんの奥さんと共に暮らし始めた。盆を迎え、そろそろ常吉さんのお葬式を開こうと考えていた矢先に、相馬沖から遺体が発見された。その後の、毎年の三・一一の命日のたびに海上へおもむき、花を手向けることになる場所である。震災の翌年の夏、震災前から相馬市の病院に入院していた春雄さんの母親のハナイさんは、震災も末っ子の死を知ることもなく息を引きとった。

移転集落

震災後、漁船（経営体）ごとに、漁船漁業者の移転先を表に示した。現在も操業している漁業者の移転先を見ると、神後北へ九軒、雁小屋《がんごや》へ五軒が移転している。神後北から釣師港までは車で数分あれば行けるが、雁小屋からは一〇分は見ておかなければ到着しない。港からは遠いが、雁小屋のほうには、小学生など幼い子がいる若夫婦を抱える漁家が主に移転した。

わが神後北の移転集落は、震災から三年後の平成二六（二〇一四）年に新地町によって造られ、町営住宅一一軒と自宅二一軒との集落である。春雄さんも平成二七（二〇一五）年に、神後北に自宅を新築し、それまで住んでいた弟の家から、常吉さんの奥さんも含めて家族全員が移った。

漁村のような路地がある、わが神後北集落（2020.5.13）

神後北の住民は「部落費」と呼ばれるものが集められ、領収書にもそう書かれているように、「神後北部落」とも言ってもよい集落である。丘陵の上に立てられているが、漁村を思わせる路地も残されている。初盆のお宅には、高灯籠も立った。この神後北の三二軒に九軒の漁師さんの家がある。ほとんどが自宅を新築し、広い庭をもち、そこに小さな倉庫も立てたりして、網作りなどの作業も行なっている。昔のフナカタや、私も含めた乗子の家を合わせると一三軒の半数近くになる。

震災前の漁師の家は、どこの家でも敷地内に納屋が建っていて、すぐには使わない漁具などを収納していたが、それらもすべて津波で流失した。

漁具のほうは、震災前の実績を考慮された上で、流失した漁具の復旧を目的に、一艘に付き税別三〇〇万円を購入限度として、漁協を通して補助された。個人負担金は、購入金額の九分の二および消費税だけであったが、購入した漁具の収納場所に苦慮していた。港にあった納屋は、試験操業の開始とともに新築されたが、各家の納屋は住居と違って補助金も使用できず、中古のコンテナを買って、空いている土地に建てて利用していたのが実情である。コンテナは当座の納屋代わりになり、令和二（二〇二〇）年の八月二二〜二三日に、釣師港近くの一カ所に四二棟が集約されることになった。

高台移転をした集落では、漁業作業全般に朝が早いので、トラックの音などで近隣に迷惑がかからないように、漁師の自宅は宅地の中に混在するのではなく、幹線道路に最も近い敷地に宅地を配置してもらうことが、漁師さんの側から自主的に見られたという（注1）。

注1　東京水産振興会編『東日本大震災における漁村の復興問題―平成30年度事業報告書―』（東京水産振興会、二〇一九）九四頁

第二節　試験操業

ハマだけは流されていない――震災後の漁業への想い

震災後の六月二九日、新地では漁師たちによる海底のガレキ撤去が始まった。春雄さんは、当時の船主会会長として、ガレキ撤去の作業を差配しながらも、心の中では、魚を捕ることだけを考えていたという。釣師の家並みは流されたけれども、ハマだけは流されていないという信念があったからである。

震災後の東京電力福島第一原子力発電所の事故により、福島の海は四〇年もきれいにならないと言われていたが、前述した支援金などを活用して、いざというときにどんな漁でもできるように、アラモノ（新しい漁具）を購入して備えた。

新地の基本的な漁である、固定式刺し網の場合、一反が七～八千円は経費がかかった。一〇反を一〇〇反にした場合、経費も労力も一〇倍かかるが、利益も一〇倍になる。漁業は自然任せでもあり、今日が〇円でも明日一〇〇万円捕ってくることもある。そのような一攫千金も、たしかに漁師の魅力である。春雄さんもメロウド一網で、二〇〇万円くらいになったこともある。しかし、これからの漁師は、生活にゆとりのある堅実なほうがよいとも語る。

春雄さんは震災後一年目頃の時期、漁業が再開してからの将来のことを考えていた。「ここの

福島県浜通り地方の漁業経営体数と漁船数
（震災前と震災後）

市町村・漁業地区	2008年（震災前）		2018年（震災後）	
	経営体	動力漁船（隻）	経営体	動力漁船（隻）
福島県	743	615	377	316
新地町	42	43	23	27
相馬市	325	244	200	115
相馬原釜	156	159	79	75
松川浦	107	26・船外機船123	98	17・船外機船106
磯部	62	59	23	23
南相馬市	56	63	32	34
鹿島	34	39	21	23
原町	3	3	0	0
小高	19	21	11	11
浪江町（請戸）	74	71	9	0
双葉町	0	0	0	0
大熊町	2	0	0	0
富岡町	8	11	1	0
楢葉町	1	0	1	0
広野町	0	0	0	0
いわき市	743	615	112	130
久之浜	33	35	27	30
四倉	25	18	9	9
沼之内	16	16	14	11
豊間	26	10・船外機船16	6	5・船外機船1
江名	22	20	15	14
中之作	53	20・船外機船44	8	13・船外機船2
小名浜	20	32	14	28
小浜	19	7・船外機船17	0	0
勿来	21	23	19	20

（『漁業センサス調査結果報告書』福島県企画調整部統計課 より作成）

浜は何でもやり過ぎた。道具を入れ過ぎた」と語っているが、あまり設備投資をし過ぎたことを反省し、無理をしないで継続できる漁業を目指していたようである。これからは、シラス・コウナゴ・メロウドなどの三種類の、いわば「曳きもの」に絞ってもよいことも考えていた。

また、夜中を寝ないで働くことではなく、午前五時頃から働き始めて午前中で終え、午後はゆっくりできるような、ゆとりのある暮らしを望んだ。そうなれば、若い漁師に嫁さんもくるようになり、後継者を増やすのに、今回の震災は良い機会を与えるものと、前向きに考え始めたわけである。実際に、当時のフナカタ（漁師）の後継者は一割くらいしかいなかった。

しかし、震災前の福島県の漁業後継者確保率は三四％であり、全国平均の倍近い数値で、茨城県に次いで全国二位であった。震災後は「試験操業」という特異な操業形態になったために、集計のできない状況であるが、比較的に若い漁師さんが多い地域である。

前頁の表は福島県の漁業経営体数と動力漁船数を、震災前（二〇〇八年）と震災後（二〇一八年）の震災を挟んだ一〇年間の数値の推移を表わしたものである。県の平均では、経営体数も動力船数も震災後は約五一％に減少している。新地町の経営体数は五五％、動力漁船数は六三％に留まり、平均よりわずかではあるが持ちこたえている状況である。二〇一九年の福島県における試験操業での漁獲量は、約三六四〇トンで、原発事故発生前の一四％程度に留まっている。

試験操業

「試験操業」とは、福島県大熊町に立地する東京電力福島第一原子力発電所が、津波により原発事故を起こしたことによって始められた管理漁業のことである。自然災害と人災という二重の災害に見舞われたのが福島県の沿岸部であり、岩手県や宮城県における漁業の復興とは、おのずから別な道を歩まざるをえなかった。試験操業では、震災の翌年の平成二四（二〇一二）年の六月から開始され、魚種選定、漁場選定、出荷体制と検査体制の管理を伴い、魚が放射能に汚染されていないかどうかの、流通までも含めたモニタリングを試行し続けた。しかし、このことは同時に、漁業者が漁業者として生きていく機会を増やす試みでもあった。

当初はミズダコ・ヤナギダコ・シライトマキバイの三魚種を対象に、毎週約二〇〇検体の放射性物質のモニタリング調査が始まったが、令和二（二〇二〇）年二月二五日に、最後の一魚種だったコモンカスベの出荷制限が解除され、二一五種が安全であることが確認されている。世代交代の早いシラス、回遊性のあるカツオ、水深の深いところに棲息するキチジ、カニなどの甲殻類、タコ・イカ類、貝類、ナマコ類などは、震災の翌年からほとんど不検出であった。しかし、主に沿岸性・定着性の強いカレイ・ヒラメ・メバル・スズキ・アイナメ・コモンカスベなどの魚類は、数年にわたって、放射性セシウムが一〇〇Bq《ベクトル》/kgを超えるものがみられた。つまり、魚介類の放射能汚染という点から考えれば、沖合漁業より沿岸漁業に打撃を与えていたのである。春雄さんは釣師浜で、タコとツブガイから試験操業を始めている。翌年はコウナゴが始まった。

その試験操業の対象海域は、福島第一原子力発電所の半径一〇キロ圏内を除く福島県沖で行なわれている。ただし、底曳き網は、試験操業対象種以外の混獲を少なくするため、沖合に限定した操業をしている。この対象海域については、やむを得ない対応とは思えるが、あくまで「福島県」というオカ側からの発想で行なわれている。いくら定着性の高い魚類といえども、魚は住民票を提出してそこに棲んでいるわけではないから、われわれが想像している以上に移動している。「試験操業」は、ある種の共同作業である。新地町では、毎週の金曜日に、相馬双葉漁協が翌週の天気予報や漁船の競合状況を鑑みて、漁法ごとに一～二度の操業日を決定する。さらに、各支所では、漁法ごとに、操業する船主たちの中から、その年の漁（一漁期＝一ショク）の采配責任者が選出されるが、新地ではそれが輪番制となっており、平等性が保たれている。責任者は、漁協から決められた操業日を迎えると、海の様子を伺って、その日の漁を可否も含め、全体の出港時間、操業時間などを、各支所と協議しながら決定する。漁に不適切な天候時には、乗船するために一度ハマに集まっても、この責任者の判断で全船中止になる場合もある。震災前のように、各自の船主や船長の裁量で沖へ行けない点はたしかに不自由な気がするが、漁の平等性という点からいえば、共同操業として理想的な漁業形態ではないかと感じるときもある。

このような共同労働を、あまり揉め事もなく遂行できたのも、先に述べたように、ユイコのような社会慣行が伝えられてきたからである。震災時の対応や、「試験操業」を中心とする復興の様子を検証すると、いかに震災前の言い伝えや社会慣行が、震災後の生活とその復興を支えてきたのかということが明らかになっていくと思われる。また、その共同操業のなかで、そもそも漁師がもっていた、ほかの船に対する競争心を、どのように漁果につなげていくかが一つの課題であろう。さらに、将来「本格操業」に切り替わったときに、震災前の漁業にそのまま立ち返ることになるのかどうかも、見極めたい点である。それは、漁業における「復興」とは何かということとを、問い直すことでもあるからである。

宮城県との入会協定

震災前の漁業と震災後の「試験操業」との違いを、漁業形態ごとに比較してみたのが次の表である。操業日・操業時間・漁法・反数については、それぞれ本書で触れているが、ここでは県境の漁場について述べておきたい。

福島県の北部に位置し、宮城県と接する、新地・相馬地方では、震災前には可能であった宮城県沖での操業が、「試験操業」になってから禁止された。とくに釣師浜港からは、五分も船で動けば、宮城県の海域である。春雄さんが漁師として活躍し始めた頃は、新地の漁師の九割は、むしろ福島県の海は使ったことがなかったという。いわゆる宮城県沖は「先祖から使っていた海」であった。一割だけが、新地の「前浜」だけでベタ網などを用いて暮らしていたのである。

昭和二六（一九五一）年一〇月二日には、「宮城福島漁業調整委員会」が発足した。この年は漁業法が改正になり、長い歴史をもつ慣習法が成文化されるにしたがって、両県で協議を震災前まで重ね続けてきた（注1）。後年には、固定式刺し網漁で、新地の漁船二五艘と原釜の漁船二五艘が、一艘に付き一〇万円を宮城県に支払って、宮城県側の海でも操業することになった。具体的には、新地・原釜の固定式刺し網漁船五〇艘と、磯（宮城県山元町）の刺し網漁船一〇艘と荒浜（同県亘理町）の底曳き網漁船五〜六艘との入会協定である。

震災前の漁業と震災後の「試験操業」との相違点

<table>
<tr><th rowspan="2">漁業形態</th><th colspan="2">操業日</th><th colspan="2">操業時間</th></tr>
<tr><th>震災前</th><th>震災後</th><th>震災前</th><th>震災後</th></tr>
<tr><td>固定式刺網</td><td rowspan="3">日曜日～金曜日（休日は土曜日と祝日の前日）</td><td rowspan="3">金曜日に翌週の操業日を決定。一カ月に8～10日操業</td><td>午前1時に操業開始</td><td>午前3時に操業開始</td></tr>
<tr><td>船曳き網</td><td colspan="2">投網が日の出時間によって流動的</td></tr>
<tr><td>流し網</td><td colspan="2">投網が日の出時間によって流動的</td></tr>
</table>

<table>
<tr><th rowspan="2">漁業形態</th><th colspan="2">漁　場</th><th colspan="2">漁獲物</th></tr>
<tr><th>震災前</th><th>震災後</th><th>震災前</th><th>震災後</th></tr>
<tr><td>固定式刺網</td><td>宮城県で操業可能</td><td rowspan="3">宮城県で操業不可</td><td rowspan="3">混獲は自由裁量</td><td>混獲は自由裁量</td></tr>
<tr><td>船曳き網</td><td rowspan="2">宮城県で操業不可</td><td>混獲は自主放流</td></tr>
<tr><td>流し網</td><td>混獲は自由裁量</td></tr>
</table>

<table>
<tr><th rowspan="2">漁業形態</th><th colspan="2">漁　法</th><th colspan="2">反　数</th></tr>
<tr><th>震災前</th><th>震災後</th><th>震災前</th><th>震災後</th></tr>
<tr><td>固定式刺網</td><td>「待ち起こし」「日おこし」「ナガヨゴメ」の選択自由</td><td>「日おこし」のみの操業</td><td>2ヘイで1人乗り36反・2人乗り50反・3人乗り60反</td><td>2ヘイで1人乗り10反・2人乗り20反</td></tr>
<tr><td>船曳き網</td><td colspan="4">変　更　な　し</td></tr>
<tr><td>流し網</td><td colspan="4">変　更　な　し</td></tr>
</table>

※シラウオの刺網漁の場合、操業時間は投網時間が日の出により流動的。ただし「打ち返し」は震災後に禁止。

この協定とは別に、宮城県の牡鹿半島から、四～五月にはコウナゴのボウケ網船が夜間の操業として、新地のオキに現れたこともあった。夜明けに操業を開始する、新地の二艘曳きのコウナゴ漁にとっては、ボウケ船がその前に来ると、コウナゴが散らばって、思うような漁ができなかったという。

この協定は、宮城県で「固定式刺し網漁」が許可制になったからだという。それ以前は、磯（宮城県山元町）ではホッキ貝漁、荒浜（同県亘理町）では赤貝漁や底曳き漁が中心であった。阿武隈川河口から南の、宮城県の浜に「固定式刺し網漁」を伝えたのは「網屋」と呼ばれる福島県の漁具業者である。商いを旨とする彼らによって、刺し網などの漁具が売られ、同時にその漁法も定着することになった。新地のカケマワリ（一艘曳き）の漁法も、茨城県の日立市久慈町から漁具と漁法が伝わっている。漁法の伝承の仕方の一つとして、おさえておきたいところである。

以上のような歴史がありながら、「試験操業」である現在は、海域の県境を意識するようになった。境界線は北緯三七度五三分七〇秒とされているが、北緯線は五四分で宮城県山元町の磯浜を通るので、通称「五四分」以北は宮城県の海域とされている。磯浜の漁師にとっても、海の境界線はグレー・ゾーンにしておいたほうが有利であり、海上保安船も、このおおまかな県境を少しだけ越えた漁船に対しては、「警告」のみであって拿捕することはないという。

「漁獲日誌」と混獲

次に「試験操業」の漁獲物について、触れておきたい。「試験操業」においては、操業のたび、「漁獲日誌」というペーパーを一枚、漁協に提出する。漁師さんたちは、これをカミ（紙）と呼んでいる。震災前にも、漁協から依頼されて何艘かの船は作成していたという。それには、船番（船の番号）・船名・船長・乗組員・出港月日（～時～分まで記述）、回数、天候などが先に書かれる。次に、たとえば曳き網の場合では、「曳網開始」のなかに、ロラン・北緯・東経・水深（ヒロ）・曳網（～時～分を記入）の項があり、「曳網終了」にも同じ項目を入れる。さらに、水温・底質・魚種（小女子《こうなご》など）と記入する。

ところで、春雄さんに、一番面白いと思う漁は何かと尋ねると、「刺し網」だと応えられた。刺し網にはいろいろな魚がかかり、「船方（漁師）は（網に）かかんのが面白い」と、その意外性が楽しいと語る。「試験操業」とはいえ、刺し網を打って、明日には起こすという前の晩となると、どんな魚がかかっているか、その楽しみを想像しながら終始ニコニコしているときがある。しかし、それゆえにこそ、不漁だった場合は、その落胆ぶりは、はなはだしい。

しかし「試験操業」においては、刺し網漁を除くと「混獲」は禁止され、対象種以外は船上から海へ放流してくることが原則となっている。たとえば、「平成30年小女子試験操業について」の「漁獲管理」の規約には「操業船の船主は、対象魚種以外に混獲された魚介類は船上で放流し、絶対に持ち帰らないこと」と記されている。コウナゴ漁やシラス漁の場合、中網に入ってくる魚などがその対象である。必ずしも一つの漁法で一種の魚だけが捕れるわけではない現実の漁業においては、煩わしい作業である。しかも、海からの恵みはすべて「授かりもの」としていただくという、それまでの漁師の精神性に逆撫でするような処置であったことも間違いないだろう。

福島県いわき市江名の、かつてのカツオ一本釣り漁では、その年の漁期が始まって、初めて船上で乗組員たちがカツオを食べたときに、その骨を海に投じることはしないで、オカに持ってきたという。オカではカツオの骨をカス（肥料）に用いたりした（江名の福井清さん［明治四三年生まれ］談）。海の神様から初漁のカツオが「授かる」という意味を大事にしていたからである。これは、新地の浜で、魚を食べた後の骨を、海に投じるときに「投げる」とは言わずに「戻す」と言っていることと、実は共通の基盤がある。

この列島の漁師たちに広く伝わっているジンクスの一つとして、「頼まれた魚は捕れない」という語り伝えがある。新地の浜でも、船によっては、魚を入れるタンクを先にトラックに積んでおくことや、氷をいっぱい積んで沖に出ることなどが、得てして、そのときの不漁の原因にされることがある。つまり、人間の賢《さか》しらだけでは魚は捕れないということであり、「神」とはいえないまでも、何か大きな自然の摂理に謙虚に向き合う姿勢が、漁師の一つの生きかたとされてきたのである。

「試験操業」にかぎらず、魚類の「資源管理」や「漁獲制限」なども含め、「科学的」という形容だけで押し倒してきた人間の自然に対する傲慢さは、はたして海と共に生きることに繋がるだろうか。自然の中の人間という位置を、悲しみのなかで再認識したのは、一〇年前の東日本大震災ではなかったか。

海の生物の変化

震災後に増えた生物はヒラメ・シラウオ・ワタリガニ・ホッキ貝である。ヒラメは震災前の平成八（一九九六）年頃から、福島県と漁協の事業として、毎年約百万匹の稚魚の放流事業を行なってきているので、その効果の一つが現れてきたと思われるが、カレイは逆に相対的に減ってきている。各漁船では今でも毎月の水揚総額から「販売手数料」と「平目栽培負担金」をそれぞれ五％ずつ漁協へ支払っている。砂地が豊かになったせいか、シラウオやホッキ貝も震災前より目立っている。また、スズキ・サワラ・アカダイなどの、いわゆる「ウキモノ」と呼ばれる魚も増えている。このことは、被災された沿岸でよく聞かれることであるが、「オキが近くなった」と語られるような感覚で捉えられている。春雄さんも、魚が「ナダに寄ってきている」と語った。シタモノで増えたのは、ムシ・ケンコ・ツブがある。逆に、ヒトデ・ガゼ（ウニ）・ヤドカリ・パン（海綿）・ホヤなどは減ってきた。ヒトデのうちクマサカは見えても、マヒトデはいなくなった。以前はサバに抱いてくるマヒトデが多かったという。しかし、シタモノ全体が少なくなったと思われるのは、刺し網が「日起こし」だけに限定され、ナガヨゴメ（タメガケ）をしなくなったためでもある。

震災直後にいなくなったのは、サバ・マイワシ・イカなどである。少しずつ見えてはきたが、イカは姿を見せないという。夏海《なつうみ》の赤潮のときに、夜に光っていた夜光虫もいなくなった。船をオカに上げているドックでも、船に付着したものが夜には光っていた。以前は、赤潮は酸欠の指標で、赤潮で捕った魚は、その日のうちは良いが、翌日は熟んで（腐れて）しまったという。

カレイ類の中でも、トノサマガレイ（ムシガレイ）は増えたが、デメキン（メタガレイ）は一時減った（令和二［二〇二〇］年には好漁）。クルマエビ、ホタテもいなくなった。以前は網にホタテが五〇枚くらい、かかったことがあるという。以上のような海の生物の、震災を挟んだ増減の状況や、モニタリング調査は、魚を売る漁師の復興を直接的に支える上では有効ではあるが、個々の魚介類のモニタリングだけでなく、海のなか全体の生態学的な現象についても、震災後に何をもたらしたのかを検証してみなければならないと思われる。

たとえば、令和元（二〇一九）年六月四日、二年前の一月から試験操業を実施していたクロソイから一キロ当たり一〇一・七ベクトルの放射能セシウムが検出された。試験操業後に自主基準値を超えたのは初めてだったので、クロソイは同日からしばらく出荷停止になった（注2）。個々の魚介類にだけこだわると、このような一時的な出荷停止は今後も繰り返されるだろうと思われる。

コウナゴが捕れない

震災後にも、海と魚の変化は止むことはなかった。令和元（二〇一九）年、新地の海は、春を待っていた。しかし、昨年まで捕れていたコウナゴが、その年は魚探に影が映らない。コウナゴは、震災後に捕獲禁止になっているメロウドと共に、新地では年間に水揚げ量の半分を占める大事な魚種である。ほかにシラスが三割、カレイが二割くらいという。コウナゴやシラスなど、いわゆる「曳きもの」は年間の半分の操業期間である。

いざというときには、固定式刺し網漁に戻ればいいが、それではカレイなどの魚が枯渇する。年間に何度も魚種を変えて捕っているからこそ資源も残せるが、これまで思いもよらなかったコウナゴの不漁が現実化していた。春雄さんからは「同じ季節でも、さまざまな魚種を捕っていれば、その浜の魚価は安定する」と教えられたが、ほかの魚の餌にもなる可能性があるコウナゴが見当たらないことは、死活問題でもあった。

原因を尋ね、春雄さんを連れて、四国八十八箇所の歩き遍路の途次、令和元（二〇一九）年にコウナゴが大漁だったという、香川県高松市の庵治港《あじこう》に立ち寄ってみた。ここの漁協が優れていたのは、瀬戸内海の漁協のいくつかが、関西空港の建設などのときに海底の砂を売っていたのに対して、その砂を守ったことである。コウナゴは砂に潜って夏眠する。もしかしたら震災から八年目にして、大量に流された海底の砂に何か影響がでているのではないか。相馬市にある水産試験場でも明快な回答を避けた難問題が、令和二（二〇二〇）年までも続き、毎年、憂鬱な春を迎えることになった。

表は、観音丸の震災前の二艘の年間漁業暦と、震災後、私が観音丸に乗り始めてから三年間の漁業暦である。令和元（二〇一九）年は、そのコウナゴが減少したために漁は中止、「曳きもの」

観音丸の漁業歴（二〇一八〜二〇）

	一月	二月	三月	四月	五月	六月	七月	八月	九月	一〇月	一一月	一二月
震災前①	固定式刺網（カレイ）		二艘曳き（コウナゴ）		メロウド	刺網	オキダコ	カケマワリ（シラス）				刺網
②						貝桁網（ホッキ貝）						
二〇一八年	刺網（カレイ）		二艘曳き（コウナゴ）			刺網	オキダコ	カケマワリ（シラス）		流し網（サワラ）		刺網
二〇一九年	刺網	固定式刺網（シラウオ）			固定式刺網（ヒラメ・カレイ）				流し網（サワラ）			刺網
二〇二〇年	刺網	固定式刺網（シラウオ）			固定式刺網（ヒラメ・カレイ）							

を止めて、刺し網と流し網に二分されたが、令和二（二〇二〇）年は刺し網漁だけに専心することになった。この三年間だけでも、海と魚は変化しているのである。

東京電力の福島第一原発の事故に伴う「営業補償」は、過去五年間の水揚げ記録から最高の年と最低の年を取り除いた三カ年の平均の八三％を賠償するが、サラリーのように月ごとに補償額が決められ、三カ月に一回支給される。試験操業において、その補償額を上まった月の場合は、その差引額は漁業者の収入となり、補償金と共に手元に残る仕組みである。震災前の三～五月に操業されていたコウナゴやメロウド漁は、年間の六～七割の水揚げ額の漁のある季節だったので、現在のメロウドが解禁されず、コウナゴが不漁続きの「試験操業」では、なかなか八割以上の漁獲高を上げることはできない。

その後、令和元（二〇一九）年の九月からは、一カ月に八日出漁しなければ「補償金」をもらえないことになった。「補償」に条件があることすら問題外と思えるのだが、令和三（二〇二一）年の九月からは、それが一〇日になるという。必ずしも漁に相応しい天候が、一年間に平均して得られるわけではない日本の風土においては、これまた机上の計算でしかない。

また、令和三（二〇二一）年の九月からは、震災前の水揚げ額の一割の魚を捕らなければ補償をもらえないという動きもあるが、限られた出漁日のなか、月によってはハードな月があることが予想される。また、それが月割りで毎月の漁の、かつての一割を越さなければ補償されないとなると、投機的な流し網など操業する者がいなくなるだろうし、魚種と漁法が偏れば、過当競争が生じ、資源の枯渇に加えて、浜値も安定しなくなる。海の状況は毎日違うように、毎年の海の様相と魚の動向は違っている。机上で考えられた「補償の条件」では、心安く生活することはできないと思われる。

大きくなる魚―戸板ヒラメ

また、福島県沖の魚は震災後、総じて大きくなっている。週に一～二回の試験操業だけの漁業では、沖の魚は、種類によって量だけでなく、その大きさも増しているからである。

観音丸においても、カレイの刺し網は震災前の五寸～五寸三分の目合ではなく、六寸三分の目合に変えている。また、ヒラメが増え、パン（海綿）・ヒトデ・ガゼ（ウニ）などのシタモノが少なくなったので、網丈も一八掛（約二・九メートル）から三三掛（約六・五メートル）～三五掛に変えて、ヒラメを主に狙っている。体長によって海に放流してくるヒラメの大きさの規準も、震災前の四〇センチから、現在は五〇センチになっている。春雄さんは、よく大きなヒラメのことを「トビラ（雨戸）のようなヒラメ」と形容するが、宮城県気仙沼市本吉町大谷でも、大きなヒラメのことを「戸板」と呼んでいる（佐藤昭治朗さん［昭和四年生まれ］談）。仙台市若林区の荒浜では、ヒラメそのものがトイタと呼ばれていた（注3）。

ところで、宮城県名取市閖上の漁師、相澤庄八さん（昭和四年生まれ）も、次のような「戸板ヒラメ」の話を伝えている。

私、今でも心に残ってんのは、何と言ってもあのヒラメ。刺身用のヒラメね。あの頃、昭和二十一、二年頃の仙台湾で獲れるヒラメは大っきくてね。畳一枚ぐらいはあったんです。いや、ほんと。水揚げできないんだっちゃわ、あまりにも大っきすぎて。して、家の雨戸はずしてきて、その雨戸さ、ヒラメ乗せて四人して端々持って、そうして水揚げしたんです。

昔の雨戸は戸板って言ったけっども、われわれ、そのヒラメを戸板ヒラメって言ったんだっちゃ。それが、うんと獲れたんです。

今の若い人たちさ、この話すっと、ウソだって言われっからわ。戦後も三、四年過ぎたら、そういう戸板ヒラメというのはなくなったわね。（注4）

閖上の相澤さんの話では、「板曳き漁」と呼ばれていた底曳き網で捕ったヒラメであったが、注意されるのは、「戸板ヒラメ」の語源だけではなく、第二次世界大戦中に漁師が戦争に駆り出され、漁に出られなかった時代を経ての、戦後すぐに見られた現象であったことである。福島県の「試験操業」の時代も、基本的には漁に出られない状況であることと考え合わせると、この「戸板ヒラメ」の一致も見過ごすことができない言葉である。いつの時代でも、魚の捕り過ぎは、その魚種を枯渇させてしまうが、人間の側の少しの自制だけで、海の魚は変化するものである。

しかし逆に、魚を捕らないことが、多種多様の魚の生態のありかたを崩す場合もあり得るだろう。ヒラメだけが増えて大きくなることも異様な現象であることに変わりはないからである。ヒラメが増えた代わりに、アカジガレイやマコガレイなどは減っているからである。だいたい、震災後ずっと捕獲禁止の魚種になっているメロウドは、コウナゴの親であるにかかわらず、そのコウナゴが数年前から激減しているのである。

東日本大震災の以後、魚がからまるヒラメの改良網を最近になって開発したのは、新地に隣接する宮城県南部の浜々である。福島県沖で大きくなった魚は宮城県まで行く。一番に口惜しい思いをしているのは、魚が大きくなって増えているのに、週に一〜二回の操業しかできない、新地のような県境の漁師さんたちである。

サンプル調査

震災後に、漁師さんたちも協力せざるを得ない漁業の形態に「サンプル調査」がある。「試験操業」がまずそれに該当し、セリが始まる前に漁協の職員が漁師さんたちから、カゴに並べた魚類から放射能のサンプルとして、少しずつ集めている。サンプルの魚類を実際に捕る漁としては、東京電力だけではなく、新地町内の沿岸部に立地する、相馬共同火力発電新地発電所（昭和五六［一九八一］年設立、東北・東京両電力会社の共同出資）や震災後にできたLNG発電の福島ガス発電などの会社（平成二七［二〇一五］年設立）も年に何度か相馬双葉漁協へ操業を依頼している。福島県の浜通りは、もともと過疎化に対応する、原発をはじめ、発電所の立地政策に適した電源密集地であったことが理解される。

魚市場のセリの前に、魚を検体として出した場合は、そのときの魚価の相場より三割くらい高く買われる。サンプル調査に船を出した場合は、船長を含めて船の代金は一日に付き四万円、乗子は一万二千円、これは国が定めた基準で、震災後、海底のガレキ撤去の作業時と変わらない。サンプル調査は、さまざまな魚類が同時にかかる固定式刺し網漁を用いることが多く、網打ちを含めると二日も操業することになるが、提供する漁船は輪番で回ってくる。

平成三〇（二〇一八）年一〇月三一日に、火発の会社による魚の状況（大きさ・数）や水質や海底の砂を調べるサンプル調査があった。観音丸が船を提供することになり、私も乗船してみた。漁法は固定式刺し網であるが、調査の手当はもらっても、捕れた魚は売ることはできず、調査会社に渡すことになっている。網から魚をはずす者だけでなく、見学のための漁師仲間も乗り、東京の調査会社からの三名を加えると、都合一〇名の大所帯で乗船することになった。

カレイなどに混じって、あまり北の海では見かけないはずのイセエビも一匹かかり、珍しいものではウミガメが首を絡めて海面から上がってきた。捕った魚が自分のものにならないとはいえ、その季節の海の状況を知るには、良い機会であるように思われた。

しかし、「サンプル調査にかぎって、あまり魚がかからない」という言い伝えもある。これは、前述したように、人間が魚を捕る意志が強いと、逆に魚がさずからないという、「頼まれた魚は捕れない」というジンクスと同様のものであった。人間が海や魚をどこまで「管理」でき得るのか、「試験操業」は、今後の漁業のありかたやその課題を問い直す、大きな機縁になるだろうことは間違いない。

注1　荒文蔵編『相馬原釜漁業協同組合史』（相馬原釜漁業協同組合、一九八三）七八七〜七八八頁
2　「福島民報」二〇一九年六月五日号
3　後藤明「仙台湾・三陸周辺の漁撈民俗」『海と列島文化　第7巻黒潮の道』（小学館、一九九一）六一二頁
4　早坂泰子、河井隆博、小野和子編著『「閖上」津波に消えた町のむかしの暮らし』（早坂泰子〔自家版〕、二〇一四）四八頁

第三節　強行された「水産改革」

水産改革批判

大戸浜のわが家から、歩いて一分もかからないところに、春雄さんが住んでいる。平成三〇(二〇一八)年一一月七日の早朝、いつものようにドアをあけて、春雄さんが入ってきた。手には「福島民報」を持っている。見出しには「漁業権優先割り当て廃止」、「閣議決定 新規参入を促進」とあった。

いわゆる、漁業権を地元の漁協や漁業者に優先的に割り当てる規定を廃止する「水産改革関連法案」を閣議決定したという記事であった。春雄さんは「これは少しおかしいんじゃないか」と言い、新聞を置いていった。少し勉強をしろということだと思えたので、それからは、この改革について全国の漁師さんと共に考え始めた。

福島に限らず、列島の多くの漁村では、地先の海に対する漁業者の平等性と自主裁量との対立をめぐって、中世から地域ごとの取り決めが工夫されてきた。山アテの漁場図が残され、神籤による漁場の選定なども行なわれてきた。江戸時代の藩や明治以降の国が、一方的に決めてきたことではなかったのである。

平成三〇(二〇一八)年一一月六日に閣議決定された「新漁業法」は、この「定置漁業権」と

「区画漁業権」に対して、漁業権を地元の漁協や漁業者に優先的に割り当てる規定を廃止することをねらいとするものであった。つまり、沿岸漁業の生産力のみを上げるための「水産改革」であり、背景には新自由主義に基づいた、海面への企業の自由参入をねらいとしている。水産業の国際競争に打ち勝つために、沿岸の養殖五割、巻き網などの大型漁業五割に二分して、西欧並みに海からの生産力を上げたいらしい。それは、戦後の民主的な漁業法から逆行する法律でもあった。今回の「改革」では、「共同漁業権」まで具体的に介入するわけではないが、「海区調整委員」が漁業者からの選出ではなく県知事が決定すること、漁船ごとに生産力を上げ、かつ資源管理をしていることを、与えられた指標に向かって数字でもって提出することなど、漁業の現況を無視した机上の空論に基づいている。

しかし今、沿岸で小型の漁船漁業を営みながら、必ずしも多くの儲けはなくとも、八〇歳を過ぎても沖で漁を続けている漁師は、全国にたくさん住んでいる。「水産改革」で謳うように、船ごとに「資源管理」と「生産力向上」の指標を与えられて目指す営みは、前章でも述べたように、人間の海に対する不遜でしかなく、この列島で長いあいだ伝えられてきた漁師たちの文化とは反するものである。また、この「改革」で、真っ先に崩れていくものは、地域で培われてきた、ユイコなどの社会慣行である。気をつけて見ようとしなければ、見えないものだけに、知らないうちの変化が起き得るだろう。

今、この列島の人々は、あくせく働いたりすることだけを強要されているような生活である。

休日さえもイベントだらけで、「盆休みの疲れ」などという形容矛盾の言葉も平気で使われている。「水産改革」をはじめとして、外部からの競争的資金を獲得することだけに血道を上げている学問の世界や、インバウンドなどを目的とした経済効果を上げられない文化財を排除する文化財法の改悪など、皆同じ動きと方向を向いている。

ボーッとして生きていることの価値や、のんびりと「その日暮らし」をして生きていることに、どこに改められるべき点があるだろうか。ことさらに海から生産力を上げなくても、個人や一家族の通年の収入を安定させ、目の前の海で生活できる漁業の幸せこそ守るべきものと思われる。また、漁協が果たしてきた役割とは、漁業という生業を支えることだけに終始してきたわけではなかった。漁協は漁村の文化的な側面を担い、あるいは生業のなかの伝統的な面を継続してきた長い歴史がある。

ハマの自治を求めて

「水産改革」の兆候は、すでに東日本大震災後から始まっていた。宮城県の「水産復興特区」の構想である。宮城県の漁師たちから猛反対を受け、養殖業への企業参入を受け入れたのは、石巻市の桃浦《ももうら》だけであり、結局のところ赤字経営を続けている。特区の枠組みでは、漁協を経由せずに、知事が直接に会社に権利を与えた。水産経済学の濱田武士は、その直後に「「海の自治」崩壊させる水産復興特区構想」という記事を載せ、これまで全国の漁師たちは、地元の海の環境に適した利用方法を、漁協の「漁業権行使規則」として、漁場利用の適正化と紛争解決に努めてきたことを述べ、その歴史を無視した特区構想を批判している（注1）。

福島県の相馬地方の事例を挙げれば、以前の刺し網では、ツメ（年末）になると冬至十日前から、宮城県の亘理や磯浜（山元町）沖に、北は閖上（名取市）や荒浜（亘理町）から南は烏崎（福島県鹿島町）の漁船がひしめいて、いっせいに網を打った。こうした狭い入合の漁場の中で起きた係争は、あらかじめ協定されていた方法で調停したものであった。たとえばゼンブッ（先に打った網）にゴブッ（後打ち）の船の網がからんだ場合は、分け前は六分と四分となったという（注2）。

春雄さんによると、以前は網を一度に五〇反も入れる漁師も多く、所有者の違う二つの網がネッバル（くっつく）ことが多かったという。船上ではなく、オカで魚をはずしていたので、ネッパッタときは、後で打った者が先に打った者に、自分の一～二反の網にかかった魚を渡したこともあった。

香川県高松市の庵治漁協のイカナゴ（コウナゴ）漁における漁場の「くじ引き」や、大分県の姫島漁協の年末の総会における魚種漁法ごとの年間の漁場選定などに、各地方の漁協を通して、山アテ（新地では山シメ）の用語が使用されている理由も、それぞれの地域における、漁場の競合による紛争解決の手段としての漁場確定を目指しているためである。

以上のように、各浜や漁協が紛争解決を独自に行なっているということは、「水産改革」などを推し進める国や県が管理でき得ない世界が、現実に生きていることに等しい。それは「法にもとづかずに漁業者たちが自主的に実施している漁獲規則」（注3）だったからである。すなわち、漁業者による自治の実態を、まったく無視した法の改悪が、今回の「水産改革」の本質である。

注1　濱田武士「「海の自治」崩壊させる水産復興特区構想」（「河北新報」二〇一一年一一月三〇日号）
2　和田文夫『ふくしま漁民の民俗』（ふくしま文庫49、福島中央テレビ、一九七八）五二頁
3　加瀬和俊「新漁業法下の沿岸漁業―変化の予測と課題」『経済』No.二九五（新日本出版社、二〇二〇）六八頁

第四節　トリチウム水の海洋放出

公聴会を傍聴して

トリチウム水の海洋放出の問題に関しては、すでに第七章の「海辺のムラの災厄観」のなかで、漁師さんたちの海への「流しもの」の受けとめかたとして捉え直している。

ところで、平成三〇（二〇一八）年の夏の終わり、私は春雄さんを助手席に乗せて、新地町から南の富岡町へ向けて車を走らせていた。東京電力福島第一原発で増え続けるトリチウムを含む汚染水の処理方法をめぐる公聴会で、春雄さんが発言するためである。

春雄さんが公聴会の発言者として応募した理由は、トリチウム水の海洋放出によって予想される、直接の利害関係者が誰も出席しないだろうと予想されたからである。案の定、県漁連の会長は別としても、漁師の発言者はほかにいなかった。事前に提出した「多核種除去設備等処理水の取扱いに関する小委員会事務局」宛ての意見書は、次のようなものであった。

私は当初から試験操業にたずさわっている漁師です。その試験操業も間もなく本格的な操業に移り変わろうとしております。

そのような折、今回、ヒラメが放射能の数値の基準を越えて検出され、七〜八月まで、固定式刺し網漁の自粛を余儀なくされている状況です。

さらに、新聞でトリチウム水公聴会の報道を読み、私は愕然としました。なぜ、われわれ漁師に先に説明してから、後に県民に意見を聴くことができなかったのでしょうか。その優先順位に疑問をもっております。

せっかく試験操業の実績を積み上げてきたのに、トリチウムの放出により、なし崩しにされることに、怖れを感じております。いろいろな手法がありますでしょうが、福島の海に放出することだけは、絶対に反対です。それによって、本格的な操業が、また何年も遅れるばかりでなく、漁労技術も途絶えてしまいます。

以上のような、意見を述べさせていただきます。

春雄さんの主張は明快であった。三人の子を漁師にしたからには、子や孫の代まで漁の仕事をできるような海を守ることであった。原発事故後の翌年の六月から、「試験操業」という管理漁業が始まり、ようやく「本格操業」へと希望をつないできた矢先の、トリチウム水の放出問題だったからである。

一二人の発言者のなかには、現状に対する質問を含めた意見もあったが、それに明確に応える、政府小委員会の委員は誰もいなかった。逆に委員の方から発言者に質問があり、まるで面接試験のような趣であった。当初から、委員に対しては、経済産業省の事務局から、発言者の質問には絶対に応えないようにというお触れが回っていたようである。定刻の終了時間が近づいたので議長が閉会しようとしたとき、突然と春雄さんが挙手をして立ち上がった。「目の前の海で毎日、漁ができない苦しみがわかりますか！」という、現実の「試験操業」に対する苛立ちと、さらにトリチウム水の海上放出がなされた場合の風評被害と、それによる漁の先細りの不安を訴え続けた。

このおざなりな公聴会が開かれた場所も、富岡のほかに、内陸の郡山と、東京電力の恩恵を被っていた東京だけであった。これで、「国民」から意見を聴いたことにしてしまうわけだが、その後も、福島県を南北に挟む、宮城県や茨城県の沿岸部の都市では開かれなかった。その後、両県の知事からは、トリチウム水の海洋放出に対する反対表明の意見が出されている。海は潮流と共に無限に動くものであり、令和元（二〇一九）年の八月には、韓国政府でさえ処理水の「海洋放出」に対して危惧感を表明されたが、オカ者中心の考えが、ここでも証明された。

この三カ所の公聴会での住民のほとんどが、海洋放出に反対であったはずなのに、どのような経緯と理由があったのか、令和二（二〇二〇）年の一月一〇日、処理水に関する経済産業省の小委員会は、処分方法は海洋放出と水蒸気放出が現実的な選択肢であると、報告書を政府に提出した。それは、どちらかというと海洋放出のほうが「利点」があるという内容であった。

政府小委員会の報告から

誰が言い出したのかはわからないが、またもや「丁寧に」という、政治家や官僚がよく口に出す流行語が、このときにも使われた。地元自治体や農林水産業者への説明の提案に形容された言葉である。

福島の漁師は、もはや「丁寧に」という言葉は信じていない。平成三〇（二〇一八）年の一一月六日に、政府は漁業権を地元の漁協や漁業者に優先的に割り当てる規定を廃止する水産改革関連法を、短期間の審議で閣議決定しているからである。地元の説明は後回しで、「丁寧」どころか「強硬」に推し進めてしまった。この「水産改革」と一体化したような、今回のトリチウム水の海洋放出の問題も、おそらく、これまでの経緯から伺えるように、直接の被害者になる可能性のある漁師の意見を聴くこともなく、進められるであろう。

この政府小委員会は、処理水を海洋へ放出することの安全性と経済的なリスクだけを議論しているが、風評対策については、何ら具体的な方策を立てていない。「科学的」に安全であることと、それに対する風評被害は、まったく次元を異にした問題であることは、第七章でも述べた。むしろ「科学的」に説明しようとすればするほど、その欺瞞性に疑いをもつのは、生活者の感情として当然のことである。

たとえば、その海洋放出を「利点」とする選択理由の一つは、海洋放出は、水蒸気放出と比べ、希釈や拡散の状況が予測しやすく、モニタリングによる監視体制の構築が容易であることが評価されている。つまり、放出後も「監視体制」が必要な物質を海に流すことを明らかにしている。そもそも、震災後、東電が廃炉へ向かって作業を開始したときに、危険性があるからこそ、海に流さずにオカに溜め続けていたトリチウム汚染水である。敷地がなくなり、廃炉に困難になったとしても、それは東電の計画性の脆弱さに責任が問われるべき問題である。国と東電では、水で希釈して流せば安全であると述べているが、海へ流す容量は同じである。

また、風評被害はどの方法でも発生するものの、水蒸気放出は海洋放出より幅広い産業に影響が生じうることも指摘している。風評被害を予測して、それならば、比較的に数の少ない福島の漁業者だけに我慢してもらおうとも読める文脈である。

「科学的」という形容のもつ、近代の西欧社会から生まれた思考法は、どれだけ生活者を裏切ってきたか。事故などあり得ないと、「科学的」に喧伝されたのは、まさしくその原発であった。逆に「科学的」に疑わしいということで、チッソ水俣工場から海へ有機水銀のたれ流しを放任し続けてきたのも、同じ日本国家である。近代になってからの「科学的」という言葉は、ときの政権によって利用されやすい最たる形容詞である。疑わしいものは、子孫に禍根を残さずという考えが、生活者のなかに通底しているかぎり、「処理」水であっても「汚染」水としか思えないのが実情であろう。福島の漁師たちは今、海洋放出の見直しを求めている。

亡き母への手紙

春雄さんは、ここ二～三年、東日本大震災のあった三月一一日が近づくと、福島市山口の安洞院で主催する「三・一一祈りの日」で朗読される手紙を出している。令和二（二〇二〇）年には、亡き母親のハナイさんに宛てた、次のような手紙であった。

ほかの船の様子を見る小野春雄さん（2018.9.12）

東日本大震災で、あなたの息子であり、私の弟は、沖へ船を出し、津波に呑まれて亡くなりました。しかし、海は人を殺しもするが、生かしもします。今は原発事故後の福島の海で、試験操業をしながら本格操業を願って頑ばっています。あなたは昔、「陸船頭」と呼ばれて、海のことは私より詳しかったですね。私はあなたの孫を三人も漁師にして、震災後に借金で新造船をつくり、現在に至っております。しかし今、国と東電は福島の海にトリチウム水を流して汚そうとしております。今でも放射能の影響による風評被害で、魚価が安いのに、トリチウム水の海洋放出で益々被害が増長すると思います。これでは漁師の子どもが家業を継ぐことができません。海の魚も人間と同じ生物です。魚は声を出すことができないので、われわれ漁師が魚のすむ豊かな海を守らねばなりません。どうか、あなたが生前暮らした海を、私たちと共に天国から見守って下さい。お願いします。

手紙を完成した後、実際に耳で言葉を確認したいからと言って、私にそばで手紙を、声を出して読んでほしいと頼まれた。私は坦々と読み始めたが、中途から春雄さんは目に涙を浮かべた。私には、この手紙以上の文章を書けないかもしれないが、魚の代弁者としての漁師の典型として、春雄さんの半生を、新地町釣師浜の歴史と民俗と共に描き記しておきたいと、いっそう感じたのである。ライフヒストリーと民俗誌とをあざなうような本書をつくることを、強く推し進めることになった一枚の手紙である。

付記一　新地の海の博物誌

本書所収の「シタモノの生物たち」と「持ち帰る生物」以外の海の生物について列挙しておきたい。サワラ、イナダ、スズキなどは本文を参照のこと。カレイ・ヒラメ類は「付記二」にまとめた。ほかに、新地の刺し網漁に用いる漁具の写真を補足した。

●ドブの仲間たち（コチ・イシモチ・ベロ）

ドブ（泥地）に生息する生物は、シャコ網やベタ網（ナダでの刺し網）にかかる生物として、ほぼ決まっている。シャコエビやカッコ（ヘイケガニ）だけでなく、コチ・イシモチ・アカベロとアオベロ（シタビラメ）などが、セットになってかかってくる。コチは、その形態から、漁師さんたちはワニと呼んでいる。鰓蓋《えらぶた》の両端にさわると手が切れたりして危ないので、刺し網からはずすときは、財布のガマグチのような口に手を入れて持ったまま網のほうを下へ引きおろす。コチはトラフグの代わりとして調理されることがあり、高価で売れるときもある。イシモチには、ナダで捕れるイシモチ（ニベ、スズキ目ニベ科）と、オキで捕れるグチ（アブライシモチとも言う。シログチのこと）とがある。イシモチは黄色で夏しか捕れず、グーグーと鳴く。グチは銀色で年間捕れるが、イシモチより艶がなく、身が柔いので安く、主にカマボコの素材にする。

●アイナメ

色は枯葉色だが、産卵期に捕れてオカに上げておくと、黄色くなる。味噌タタキとしても食べた。

●カツオ

ドブの仲間たち（上からアカベロ、コチ、イシモチ　2020.8.24）

三〇年以上前に、一〇月のシビ網にシビ（メジマグロ）と一緒にカツオが少しだけ捕れたことがある。食べてみたがまずかったので、そのようなカツオはダイコンカツオと呼んだ。シビ網は、大目流し網（五・五～六寸目）を買ってきて用いた。カツオは小さなものから順に、フクレ（ソーダガッツオ）→ハガツ（ハガツオ）→カツオと呼ぶ。カツオは水色《すいしょく》の良いところにいるものである。以前はフクレやハガツは、腹にあたるということで食べなかったという。

●サクタロウ

オコゼのこと。カジカ科のトウベツカジカ。ヨボ、カグラとも言う。ヨボ（ヨモ）は、他地方では、船上の禁句になっている「猫」の代替語。カグラはお神楽に付ける面からの連想。煮つけにして食べる。オコゼの仔も旨い。宮城県の七ヶ浜では、オコゼのことをボッケと呼んで、「ボッケ汁」として売っている。

●トドキ

シラウオ漁の季節、二艘曳きの網に入ってくる珍しい魚。学名はサブロウと呼ばれ、固い甲羅のような模様の魚で、漁師さんたちは「ワニの仔」だと言っている。皮が固いので焼いてから煮て食べるが、仔を持っていて美味しいという。市場に出さない魚によって、その土地の食文化が生まれている事例の一つ。

●フグ

アカメともいう。トラフグもかかる。船上に揚げた刺し網からはずそうとすると、すぐに風船のように体を膨らませることがある。ほかにギンフグ（シロサバフグ）もかかるときがある。

●ブリ

ブリは、ワカナッコ（〇・五キロ）↓イナダ（一〜一・二キロ）↓ワラサ（〜三キロ）↓ブリ（四〜五キロ）と、出世魚である。イナダのことをアオッコとも呼んでいる。明治四五（一九一二）年の『郷土誌　新地村』に記されていた、水揚げする魚のうち「あを」と呼ばれているのは、イナダのことであろう。

●ホウボウ

カナガシラと共に、刺し網によくかかる赤い魚であるが、グーグーとイシモチのように鳴く。

●刺し網漁の漁具（ヒトデゴロシ・ヨリ取り機械・ウジ）

ヨリ取り機械（2019.1.31）

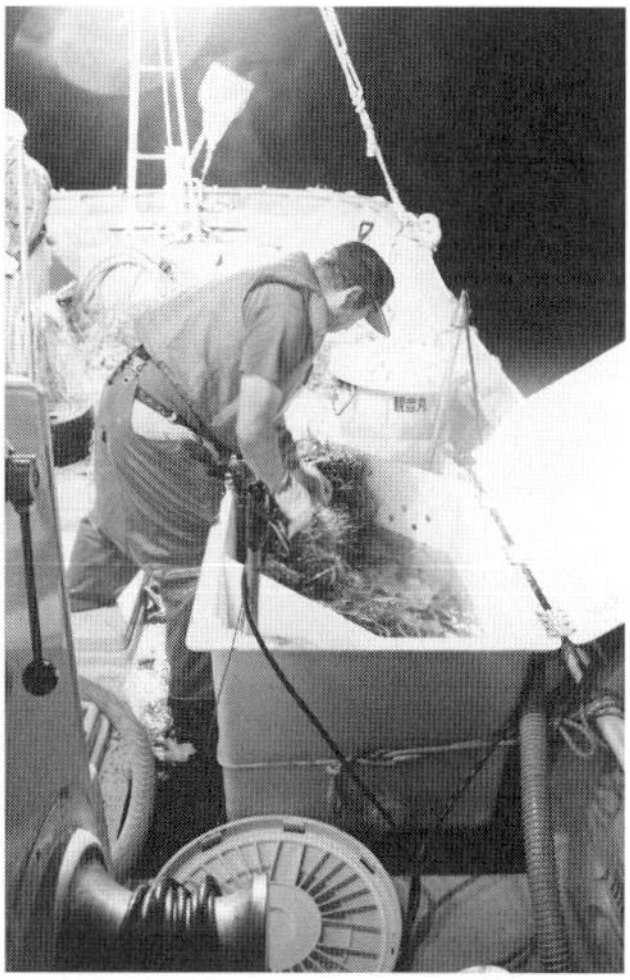

ヒトデゴロシに湯を沸かし、網を入れる（2018.6.15）

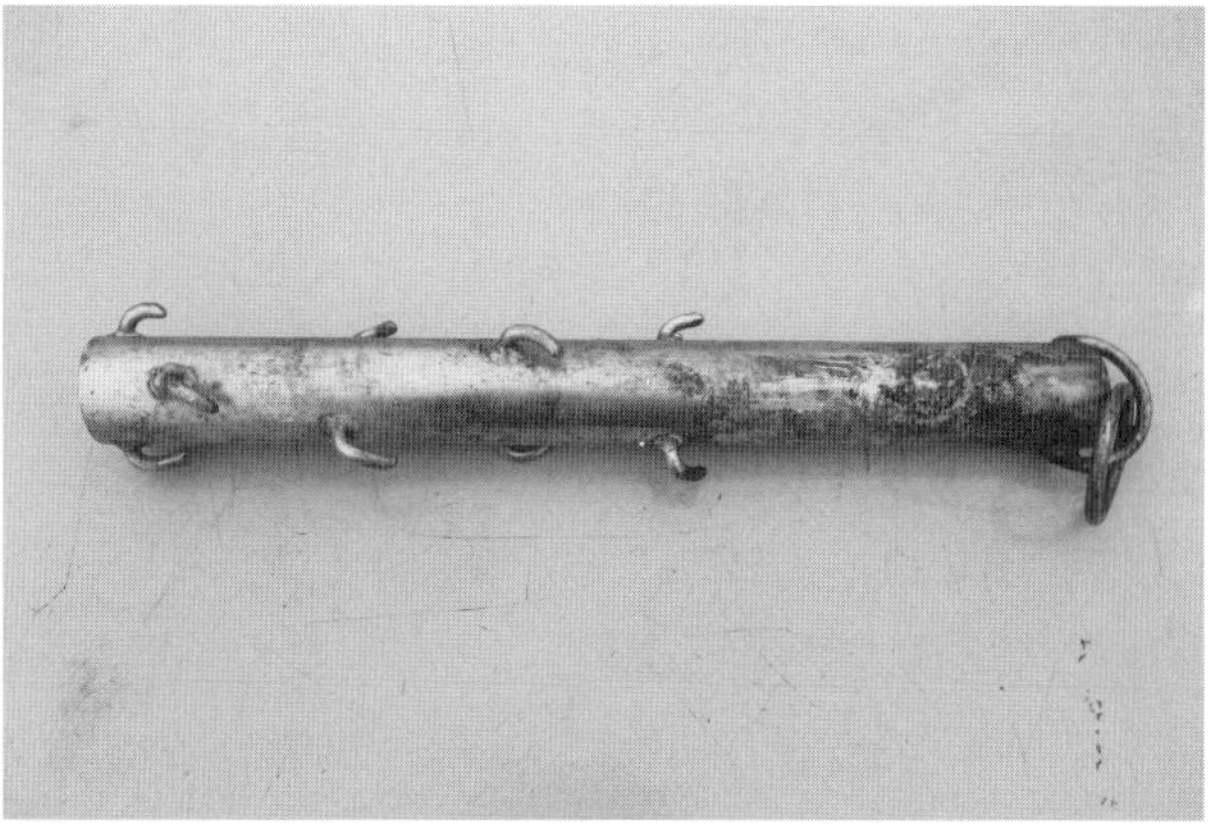

ウジ（2020.12.10）

付記二　新地の年間カレイダー

●アカジガレイ

マガレイのこと。メロウドやコウナゴを食べる。震災前は年間捕れたが、今は少なくなった。

●イシガレイ

新地では、マコガレイと共に年中捕れるが、今は以前ほど多くはない。ただし、マコガレイはドブ（泥地）にいるが、イシガレイは海底の砂山にいて、メロウドやコウナゴを食べている。仔のうちは見当たらないが、成長すると背中に石（「石状骨質板」）を背負っている。おいしくて、魚価が上がるのが、四～七月の頃。また、寒い時期には、船上において塩水で洗ってから煮て持ち帰ったこともある。

薄味で、弱火で二時間くらい煮ると、鮮度の良いイシガレイは裂ける。「裂ける（割れる）くらい美味しい」という表現もする。新地での正月魚でもあるので、年越しの一週間前は一キロ三千円もするが、年を越してガッパ（仔を産んだ魚）になると一〇〇円になる。ネンコくう（年を重ねた）イシガレイは、腹が黄色になる。春雄さんによると、近世に記録されている「釣師カレイ」や、トノサマガレイの伝説は、このカレイではないかと類推している。

●カラスガレイ

ソウハチガレイのこと。一～二月頃に捕れる。

●ナメタガレイ

ババガレイとも呼ぶ。味噌煮が旨い。仙台では、正月用の魚としてナメタガレイを神様に上げているが、ナメタガレイは夏に仔を持ち、新地では、七～八月の夏に捕れる魚なので、正月には上げない。

●ハダガレイ

ガヤマとも呼ばれ、年間捕れた。星の印が付いており、ホシガレイとも呼ばれることがある。一年間捕れていたが、今は数が少ない。以前は一キロ一万五千円で売れたこともあったが、今は三～五千円くらいである。

●ヒラメ

ヒラメは体長により、ソゲ（約一〇センチ）、ハガコ（二〇～四〇センチ）、ヒラメ（五〇センチ以上）と、呼称は別にしている。以前はソゲも市場に出したが、資源保護のため、震災前には四〇センチ以上の扱いとなった。震災後はさらに五〇センチ以上のヒラメが販売可能とされている。ヒラメは悪食で何でも食べる。鋭い歯もあり、小指もちぎれることもありそうである。唇の厚い普通の口のように見えていて、実際は考えられないくらい大きな口を開く。昔、ＮＨＫで放映していた人形劇「ひょっこりひょうたん島」で、ルナという魔女が登場し、可愛い顔をしているが、

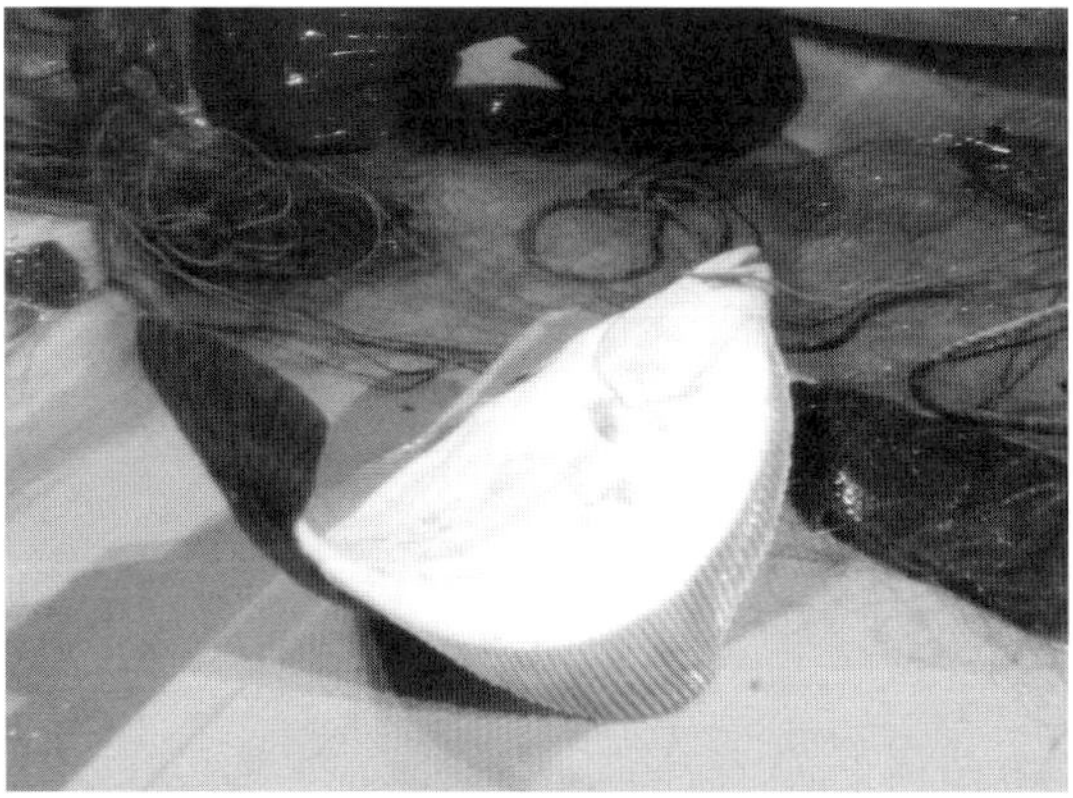

船上で動くヒラメ（2019.12.25）

本性を現すときにかぎって、口が耳元まで裂ける。そのような強烈な印象をヒラメにもった。

平成三〇（二〇一八）年に、鳥取県の湯梨浜《ゆりはま》振興合同会社におけるヒラメの井戸海水式の陸上養殖事業を見学したが、水槽のなかのヒラメが動くときは、まるで木の葉が急流をながされるような素早さである。しかも瞬時に動き始めて、瞬時に停止する瞬発力をもっている。ほかのヒラメにぶつかりそうな速さであるが、その前でピタリと止まる。まるで「忍者ひらめ丸」と形容したいほどの素早い動きと静止の仕方である。

ヒラメは刺し網だけでなく、新地では以前から曳き縄で捕っている人もいる。海底の中層をイタ（潜航板）で曳く釣り漁で、釣りで捕った魚は傷がないために高く売れた。以前はアカベコ（アカエイ）の角を用いた釣り針が好まれ、しかも年を経たベコがよいとされた。針には赤マムシの皮を付けたものだという（前澤正一さん［昭和二五年生まれ］談）。

●ベロ（アカベロ・アオベロ）

シタビラメのこと。靴の中に入れる敷き皮（下敷き）のような形で、新地ではベロ（舌）とも呼ばれる。色の区別から、アカベロ（標準和名イヌノシタ）とアオベロ（標準和名クロウシノシタ）とがある。アカベロは五月頃の夏の魚。アオベロは九月頃の秋の魚であり、笹の形からササベロと呼ばれる。アカベロはドブの下に移動せずにいるが、アオベロは砂地にいる魚で、九月頃にナダで産卵するとオキへ行く魚である。アカベロは体長が小さくて、網からはずしやすいが、アオベロは大きくて、はずしにくい。味噌タタキにしても、「ベロの唐揚げ」にしても美味。令和二（二〇二〇）年八月一一日、セトシタビラメと呼ばれる、背が縞模様の珍しいシタビラメがかかった。瀬戸内海で多く見かけ、ここではシタビラメ一般をゲタ（下駄）と呼んでいる。

●ホンダガレイ

アブラガレイ、サメガレイとも呼ぶ。背中がザラザラとしているので、皮を取って食べる。主に沖の底曳き網漁から持ち込まれた。

●マコガレイ

以前はアオメガレイとも呼ばれた。ドブにいて、ゴカイや小さなエビを食べている。年中、捕れていたが、今は少ない。

●ムシガレイ

震災前はツメ（年末）に捕れていたが、最近は年間にわたって捕れる。ミズガレイ、トノサマガレイとも呼ばれる。カエルやバッタ以外にも「殿様」が付いているには理由がある。トノサマガレイの呼称については、いくつかの小話が付いている。殿様というものは、カレイの背中からしか食わないものであるのに、伊達の殿様はそのカレイを引っ繰り返して腹からも食べたためだといい、そのためにゴゼン（御前）カレイともいう（渡辺登さん［昭和二七年生まれ］談）。また、それは伊達綱村だったといわれ、綱村はカレイが大好物だったので、江戸の殿様たちの前で、カレイのオモテだけでなく裏まで食べてしまった。そのとき周りから「伊達は田舎者だから」と恥をかかされたが、綱村は「伊達には、裏表が白いカレイがある」と言い張った。「しからば、そのカレイを持ってこい」とたしなめられたので、急ぎ、表屋敷から早馬で、伊達藩から塩漬けのカレイを取り寄せ、面目を保ったという（村上美保子さん［昭和二四年生まれ］談）。それは裏表が同じようなムシガレイか、あるいはヤナギガレイのことだと言われているが、伊達藩領内であった新地の「釣師カレイ」は、藩政時代から有名であった。ただし、新地でヤナギガレイを捕り始めたのは、動力船になってダイナンオキで漁ができるようになってからである。

●メイタカレイ

新地では通称、キンキロ→デメキン→メタガレイの順で呼びかたが変わった。宮城県名取市閖上では、このカレイの形が金太郎の菱形の腹巻に形が似ているので、キンジロウガレイと呼んでいる（伊藤正幸さん［昭和二四年生まれ］談）。同県石巻市でもキンジロガレイである。おそらく新地のキンキロに通じる魚名である。デメキンは、目が突出しているための呼称で、水揚げのとき、このカレイの目（閖上ではメダゴコ）がよく軍手に引っかかる。目と目のあいだに突起があるからである。メイタガレイ（メタガレイ）の呼称は、この部分を持つと痛いことから生じた。四～六月までが旬で、よく捕れる。黒い皮をむくのがたいへんで、太鼓の皮にするくらい丈夫だという。主に唐揚げと刺身、鮮度の良い魚は、醤油と酒と水で煮ただけでも旨い。

●ヤナギガレイ

手の平サイズで、品の良いことから、こちらがトノサマガレイではないかという一説もある。震災の一〇年くらい前までは、キロ四千円、ゲンバ（タルのこと）一本で八～一〇万円もしたが、現今は安値で売られている。ただし、このカレイは、新地では、機械船になってダイナンオキで捕れるようになってから知られるようになったカレイであり、底曳き網と漁場を争いながらの漁であったという。ホテルや旅館のお膳が、朝食も夕食もバイキング様式が広まり、あまり重宝にされなくなるにつれて魚価が下がったという。今はオキでの漁が少なくなったので、あまり見かけない。

付記三　船上調査の七つ道具

船上の漁業民俗調査の七つ道具を挙げてみよう。①メモ帳、②ボールペン、③携帯カメラ、④軍手、⑤救命胴衣、⑥酔い止め薬、⑦ヘッドライトである。

①のメモ帳は防水紙を用いたもので、胸ポケットに入るサイズ。春雄さんに百円ショップにあるという情報を得て探し出した。船上では、それほど②のボールペンでメモする機会はないが、耳にした、よくわからない言葉だけを書いておいて、後で尋ねることができる。

③のカメラも、ポケットに入れるくらいの小さなサイズが良いが、当初から首にかけておき、作業に邪魔にならないで、すぐに取り出せるように、救命胴衣と胸のあいだに挟んでおく。もちろん防水カメラにこしたことはないが、高価なカメラは持ち込むべきではない。夏のシラス漁のときには、何となくカメラがシラス臭くなったが、そのシラス漁で、大漁をして心地良い海風に吹かれて帰港するときのこと。氷に冷やしておいた桃を口に頬張っているうちに、甲板に放置されたカメラにアバケ（船上に上がる波）を浴び、一台目を駄目にした。一年に一回、買い替えるつもりで、安いカメラを推奨する。

④軍手と⑤救命胴衣は、船上で作業する場合の必需品。⑥酔い止め薬一錠は、水を要しないもので、私はほとんど使わないが、万が一を考え、お守り代わりにメモ帳と一緒に胸ポケットに入

れている。波の高い日など、胸を折って仕事をしていると軽く酔う場合がある。⑦のヘッドライトは、漁が早朝や夕方にかけて多いので、あれば便利。これらに付け足すとすれば、応急用の傷口を塞ぐ絆創膏があるが、作業中は少々の傷でも続けるので、カットバンなどを貼っても、そのあいだ血は止まらず、ほとんど役に立たないものである。ある日、流し網でサワラの歯のあたりを素手でつかんだために指先を切り、血が流れたのでこれを貼ったが、止めることはできず、口で血を吸いながら作業を続けた。患部の指を下にしないで、上に立てて作業をしているうちに、いつのまにか血が流れなくなった。

財布と携帯電話は船上ではあまり必要はなく、海に落とす危険性があるので、ポケットに入れないでおくほうがよい。ただ、腕時計は逆に、漁師さんから「何時か?」と聞かれることがあるので身につけて乗る。網に絡むのを避けるせいか、漁師さんたちは時計を身に着けてこないようである。船がオカに着いてからの作業では、車の運転を頼まれることもあるので、運転免許証も落とさないように持参しておいたほうが賢明である。

あとがき——福島の海と暮らして

本書に背骨のように貫いている一人の漁師は、福島県相馬郡新地町の小野春雄さんである。春雄さんには、東日本大震災直後にマイクに向かって語っている、NHKの映像記録が残っている。津波による行方不明者を捜索中の釣師浜港で、無精ひげが伸び、マスクを顎にかけたままで、次のように語っている。

「船は沈んで、その船の中に弟は居っと思います。私と最後の無線で交信して、『あぁ駄目だ』という声が耳から離れなくて…」（ここで春雄さんは泣きくずれてしまう）、「今でも眠れないんですよ私、ふだんから薬なんて呑んだことないけど、薬を医者からもらってんですよ。なんぼも眠れないいんですよ、耳から弟の無線（の声）が入ってきて」（「ふたたび海へ ～福島ある漁師の7年半～」二〇一八年一〇月一四日放送、NHK総合「目撃！にっぽん」）。

宮城県気仙沼市で東日本大震災に遭い、母を亡くした私は、平成二九（二〇一七）年一二月二二日に、同じ震災で弟を亡くされた小野春雄さんに初めて自宅でお会いした。私が二日後には六五歳を迎えるときでもある。春雄さんも、早生まれであるが同年生まれであった。翌年の四月に、東北大学を定年退職後、春雄さんの所有する観音丸に乗船して、漁師さんの手伝いをしながら、そばで暮らすことになるとは夢にも思わなかった小さな出会いであった。

とかく漁師さんは、漁業の現場のことを説明することに面倒くさがる。言葉で伝えることが実際に難しく、目で見て、体験してみて、初めて理解できる内容が大きすぎるからである。漁業のことを聞きにいっただけなのに、すぐに船に乗せられる機会が多いのも、そのためである。平成二〇（二〇〇八）年の冬に、福井県若狭町のタタキ網の聞き書き調査に、鳥浜漁協の増井増一組合長に初めてお会いしたときも、組合長は私が履く長靴を片手に持って出てこられた。春雄さんから、観音丸の乗子にならないかと誘われたときも、これまでの体験のように前向きに考えてみた。

たしかに、聞き書き調査だけでは絶対に得られない瞬間もある。聞き書きは言葉を介して理解するわけだが、その言葉からして現場では質量ともに豊かである。春雄さんは、よく私が間違って使う言葉を訂正してくれる。たとえば、新地の漁師さんたちは、魚を「捕る」ということだけでも、刺し網は「かかる」、曳きものは「入る」と、使い分けして語っている。私はそれらを、無分別に「捕る」意味で混同して使っていることが多いので、よく指摘されるわけであった。ほかにも網を「打って」からは、網を「起こす」と言っても「上げる」とは言わない。「上げる」は、低気圧や台風が近づいたときに、魚がかかるのを待たずに網を上げるときにだけ使われる。

また、聞き書きの段階で、たとえば「カレイの刺し網の一反の長さは何間ですか?」と漁師さんに尋ねれば、おそらく「一三〇間」と答えるであろう。しかし、それを仕立て直して実際に漁船に持ち込むときは、アバ（浮き）側が四九間、イヤ（錘）側が四五間になり、通常、漁師さんたちのあいだでは、イヤ側の寸法で語っている。さらに、その網も目合をつぶしてからの長さであり、海に入れたときには網目が開き、潮流の強さによっては何割か縮むことになる。民具の研究者などがオカで網の寸法を測って報告書に載せたとしても、実際の操業時の網の長さは相違している。ほかにも、魚の売上高を示す数量は一トンを基準としている。それは、だいたい市販されている砂糖袋の重さだというが、漁師さんのからだには、その一トンの重さが沁みている。

ところで、このような言葉を船上で聞き、作業を目で見て、さらに手伝いをすることが続けられているのも、福島第一原発の原子力災害後の、週に二～三日しか出漁できない「試験操業」だからこそ、私の体力が保つことができたという一面もある。また、その「試験操業」だからこそ、漁師とは、そもそも海に対してどのような向き合いかたをしてきたのかということも、その不自由さから逆に照射することもできたわけであった。

たとえば、春雄さんは「海に毎日出なければ海のことはわからない」と語る。新地でも、ほかの漁師よりも数多く海に行く者を、「セイドがいい（勤勉な）漁師」と呼び、「海坊主」とも語られた。海に出かけたら、なかなか戻ってこない漁師や、流し網で風が吹き始めても「止まない風はないから」と船に居続ける漁師も、そう呼ばれた。春雄さんは、その「海坊主」に近かった。「試験操業」の規制のなか、毎回の漁で、網を入れる場所、魚の種類による網の目合とその枚数など、その駆け引きと優れたはからいをもった漁師である。

その海へ向かって船を出す毎回の漁も、小さな旅のように何が起こるかわからないという緊張感がある。海は毎回違うので、旅と同様に退屈することもない。私が観音丸に乗船し始めてからの三年近くでも、魚種により捕れる量は年ごとに違う。震災後は市場に売りに出さないシタモノが少なくなったという。以前は、ヒトデやパン（海綿）などのシタモノをはずすのが面倒だったり、網が痛むことを理由に、網を入れずに魚が捕り過ぎないような調整弁にもなった。それがいなくなったことは、逆に魚の乱獲に通じるのではないかと、春雄さんは危惧している。

「試験操業」のサンプリングは、個々の海洋生物の放射能の検出量のデータは出すが、全体がどのように変わってきているかという生態学的な調査は不十分である。トリチウム水のような人工的な汚染水も含んだ、人間と海洋生物との大きな生態系を射程に入れた研究が進んでいかなければならないだろう。また、ある魚種の漁獲量を制限すればその魚種がそのまま増えるというような、机上の数字だけの単純な議論は、漁師たちには通じない。政府が念仏のように唱える「水産改革」がその典型であるが、人間が自然の海を管理できると思うこと自体が傲慢な考えであり、それとは逆に、この世界は新型コロナウイルスの感染拡大をはじめ、多くの予想もつかない自然災害が頻出している状況である。

政府が震災後の福島の海に対してどのような施策を出そうと、それをアウトローのぎりぎりまでかいくぐり、自分たちの生活を守ってきたのも、福島の漁師たちである。国の復興政策や、それに群がる研究者の机上プランが、もし成功しているように見えるとすれば、それは震災前からの福島の漁師たちが伝えてきたユイコなどの社会組織こそが復興を支え、推進してきたものであることは、本書を流れる大きなテーマでもある。

ところで、春雄さんはまた、東日本大震災後の「試験操業」という限られた漁業の生活を契機に、オカでの生活も見出したことも確かである。百歳まで生きて福島原発の廃炉を見届けるため、からだを鍛え始め、毎日のように新地の鹿狼山に登り続けている。平成二九（二〇一七）年には、修験者でもある藤原最信さんと、新地から山形県の月山頂上まで二週間かけて徒歩で到達した。令和元（二〇一九）年からは、私と四国八十八カ所の「歩き遍路」を始めている。二〇二一年の東京オリンピックの聖火ランナーにも選定された。

私が震災の大津波から被災された後も、それでも海と人間の生活のことを深く知りたいと思い、オカ者である都市生活者が想定するような「里海」などの観念的な海ではなく、実際に漁業に携わりながら海を理解することになったのと、それは対照的な新たな生活の切り開きかたであった。とくに、私は網から魚やシタモノをはずす作業を続けているうちに、自然のなかの「生命」について想いめぐらすことが多くなった。

私は震災の津波で母親が一年以上行方不明のままだったとき、時折、ある想念に心が苦しむことがあった。それは、若いときに読んだチェーホフの『グーゼフ』の描写である。小説の最後に主人公のグーゼフが船上で病死し、帆布に縫い込まれて海に葬られるが、その後の海底での描写も、チェーホフの冷徹な筆は、次のように止めることはなかった。「鱶《ふか》はちょっと屍《いじ》を弄ってみて、さも厭そうに、下から口を当てて用心深く歯を加えると、帆布は頭から足の先まで真縦に裂ける」（チェーホフ『グーゼフ』、神西清訳）。母の遺体は実際には、震災後の四月二八日に、彼女の生まれ故郷でもある岩手県千厩町《せんまやちょう》で火葬されていたのだが、DNA鑑定さえ始まらなかったその時期の私は、そのことも知らず、海底で魚につつかれている母親の姿しか想像できなかった。

しかし今、何とか逃げ出そうと体を折って抵抗するカレイやシタモノをはずしながら思うことは、本書でも紹介した「海が失うものはなにもない。あるものは死に、あるものは生き、生命の貴重な構成要素を無限の鎖のように次から次へとゆだねていくのである」（レイチェル・カーソン『潮風の下で』、上遠恵子訳）というような生命観であった。それは、三陸津波を称して「イワシで殺され、イカで生かされる」と伝えられた言葉に通じる、漁師さんの海の生命に対する捉えかたである。今、老いを迎えつつある私の心の扉をたたき続けている、いのちの考えかたでもある。

最後に、本書の原稿に目を通していただいた小野春雄さん。その観音丸の家族のサキ子さん、智英さん、晋弘さん、晋介さんなどをはじめ、一緒に乗船している春雄さんの甥の鈴木和文さんなど、新地町の多くの漁師さんにお世話になったことに、お礼を申し上げたい。

本書を造ることにあたって、今回も冨山房インターナショナルの坂本喜杏社長にお世話になり、編集長の新井正光氏からも、多くの助言と激励の言葉をいただいた。かつて、新地を扱った文章をお贈りしたとき、震災から一〇年目を記念する本は、このテーマにしましょうと勧められ、何とかその責めを果たした思いである。たいへん、ありがとうございました。

二〇二〇年一二月四日　釣師浜港で震災後はじめてのセリが再開した日に

本書の基本となった初出文献

川島秀一「釣師浜の震災前後の漁業」『東北民俗』第52輯（東北民俗の会、二〇一八）
川島秀一「新地町に暮らして」石井正己・やまもと民話の会編『復興と民話　ことばでつなぐ心』（三弥井書店、二〇一九）
川島秀一「漁業・漁村に吹く新しい風─震災後の福島の海に暮らして─」『漁業と漁協』No.655（漁協経営センター出版部、二〇一九）
川島秀一「寄りものとユイコ─福島県新地町の漁業を復興させるもの─」『口承文芸研究』第四十三号（日本口承文芸学会、二〇二〇）

川島秀一（かわしま　しゅういち）
1952年生まれ。宮城県気仙沼市出身。法政大学社会学部卒業。博士（文学）。東北大学附属図書館、気仙沼市史編纂室、リアス・アーク美術館、神奈川大学特任教授、東北大学災害科学国際研究所教授などを歴任。現在、日本民俗学会会長。
著書に、『ザシキワラシの見えるとき』（1999）、『憑霊の民俗』（2003・以上三弥井書店）、『漁撈伝承』（2003）、『カツオ漁』（2005・以上法政大学出版局）、『津波のまちに生きて』（2012）、『安さんのカツオ漁』（2015〈第26回高知出版学術賞〉）、『海と生きる作法』（2017・以上冨山房インターナショナル）、『「本読み」の民俗誌』（2020・勉誠出版）、編著に、山口弥一郎『津浪と村』（2011・三弥井書店）、『渋沢敬三　小さな民へのまなざし』（2018・アーツアンドクラフツ）など。

春を待つ海
—福島の震災前後の漁業民俗

2021年2月6日　第1刷発行

著　者　川　島　秀　一
発行者　坂　本　喜　杏
発行所　株式会社冨山房インターナショナル
〒101-0051
東京都千代田区神田神保町1-3
TEL 03(3291)2578
FAX 03(3219)4866
URL:www.fuzambo-intl.com

印　刷　株式会社冨山房インターナショナル
製　本　加藤製本株式会社

ISBN978-4-86600-091-6 C0039